应用型人才培养产教融合创新教材

装配式
建筑施工

尹素花　吴艳丽　董中奇　主编

ZHUANGPEISHI
JIANZHU SHIGONG

化学工业出版社
·北京·

内容简介

本书根据高等职业教育土建类专业的人才培养目标、教学基本要求、“装配式建筑施工”课程的教学特点和要求，结合国家大力发展装配式建筑的战略及住房和城乡建设部《“十三五”装配式建筑行动方案》等文件精神，参照现行的国家标准、行业标准、地方标准及装配式建筑系列图集编写而成。

本书在关键知识点处以二维码链接的形式配套了微课视频、施工图片等教学资源，学生随扫随学，方便师生线上线下教学互动，将纸质教材与数字资源有机整合，打造新形态教材。

全书一共包含五个模块，分别为讲解预制构件的制作、预制构件的存储和运输、预制构件的吊装、装配式混凝土结构现场施工和装配式混凝土结构质量控制。本书结合高等职业教育的特点，注重实践技能的培养，教材内容按照装配式混凝土建筑施工现场的操作工艺流程组织编写，把“做中学、做中教”“实事求是、精益求精”的思想贯穿于整个教材的编写过程中，培养新时代的“鲁班人”。

本教材可作为高等职业院校和应用型本科学校土建施工类及建设工程管理类等建筑相关专业的教学用书，也可以作为住房和城乡建设领域施工现场专业人员继续教育和培训的教材，还可以作为“1+X”装配式建筑构件制作与安装职业技能等级培训用书。

图书在版编目（CIP）数据

装配式建筑施工/尹素花，吴艳丽，董中奇主编．—北京：化学工业出版社，2022.7

ISBN 978-7-122-41262-1

Ⅰ.①装…　Ⅱ.①尹…②吴…③董…　Ⅲ.①装配式构件-建筑施工-高等职业教育-教材　Ⅳ.①TU3

中国版本图书馆CIP数据核字（2022）第066954号

责任编辑：李仙华　　　　文字编辑：师明远
责任校对：赵懿桐　　　　装帧设计：史利平

出版发行：化学工业出版社（北京市东城区青年湖南街 13 号　邮政编码 100011）
印　　装：大厂聚鑫印刷有限责任公司
787mm×1092mm　1/16　印张 10　字数 237 千字　　2023 年 1 月北京第 1 版第 1 次印刷

购书咨询：010-64518888　　　　售后服务：010-64518899
网　　址：http://www.cip.com.cn
凡购买本书，如有缺损质量问题，本社销售中心负责调换。

定　　价：35.00元

序

国务院印发的《国家职业教育改革实施方案》中指出："建设一大批校企'双元'合作开发的国家规划教材，倡导使用新型活页式、工作手册式教材并配套开发信息化资源。每3年修订1次教材，其中专业教材随信息技术发展和产业升级情况及时动态更新。适应'互联网+职业教育'发展需求，运用现代信息技术改进教学方式方法，推进虚拟工厂等网络学习空间建设和普遍应用。"河北工业职业技术大学为落实方案精神，并推动"中国特色高水平高职学校和专业建设计划""双高"项目建设，联合河北建工集团、广联达科技股份有限公司等业内知名企业共同开发了基于"工学结合"，服务于建筑业产业升级的系列产教融合创新教材。

该丛书的编者多年从事建筑类专业的教学研究和实践工作，重视培养学生的实践技能。他们在总结现有文献的基础上，坚持"立德树人、德技并修、理论够用、应用为主"的原则，基于"岗课赛证"综合育人机制，对接"1+X"职业技能等级证书内容和国家注册建造师、注册监理工程师、注册造价工程师、建筑室内设计师等职业资格考试内容，按照生产实际和岗位需求设计开发教材，并将建筑业向数字化设计、工厂化制造、智能化管理转型升级过程中的新技术、新工艺、新理念等纳入教材内容。书中二维码嵌入了大量的数字资源，融入了教育信息化和建筑信息化技术，包含了最新的建筑业规范、规程、图集、标准等文件，丰富的施工现场图片，虚拟仿真模型，教师微课知识讲解、软件操作、施工现场施工工艺模拟等视频音频文件，以大量的实际案例启发学生举一反三、触类旁通，同时随着国家政策调整和新规范的出台实时进行调整与更新。不仅为初学人员的业务实践提供了参考依据，也为建筑业从业人员学习建筑业新技术、新工艺提供了良好的平台。因此，本丛书既可作为职业院校和应用型本科院校建筑类专业学生用书，也可作为工程技术人员的参考资料或一线技术工人上岗培训的教材。

"十四五"时期，面对高质量发展新形势、新使命、新要求，建筑业从要素驱动、投资驱动转向创新驱动，以质量、安全、环保、效率为核心，向绿色化、工业化、智能化的新型建造方式转变，实现全过程、全要素、全参与方的升级，这就需要我们建筑专业人员更好地去探索和研究。

衷心希望各位专家和同行在阅读此丛书时提出宝贵的意见和建议，在全面建设社会主义现代化国家新征程中，共同将建筑行业发展推向新高，为实现建筑业产业转型升级做出贡献。

全国工程勘察设计大师 梁金国

2021年12月

前言

随着《国家职业教育改革实施方案》、“三教”改革等一系列政策的实施，为了适应高等职业教育对高技能型人才培养的需求，深化课程体系和教学内容，顺应高职教育教学模式的改革，在教学内容和形式上进行了创新，基于装配式建筑施工工作岗位编写了本教材。本教材为 2020 年河南省高等学校青年骨干教师培养计划项目（2020GGJS285）研究成果。

本教材以培养装配式建筑施工职业能力和职业素养为目的，对装配式建筑施工工艺流程的讲授以适用为标准，教材内容以“必需、够用”为原则，注重培养能够解决施工现场技术质量一般问题的技能，以“教、学、做一体”为特色，以“做中学、做中教”“实事求是、精益求精”的思想为理念，培养新时代的“鲁班人”。

本教材内容以模块为基本教学单元，校企共同编写，以“立德树人”为根本任务，多维度融入思政元素；围绕装配式建筑的发展，对接考取“1+X”装配式建筑构件制作与安装职业技能等级证书的要求，根据装配式建筑施工员岗位的职业素养和基础知识，统筹工作任务，深化教学改革，突出教材的职业性和创新性。

本书由河北工业职业技术大学尹素花，黄河交通学院吴艳丽，河北工业职业技术大学董中奇担任主编；河北建工建筑装配股份有限公司殷青伟，河北工业职业技术大学王春梅、张伟、陈楚晓老师担任副主编；参与编写的还有河北建工建筑装配股份有限公司肖帅，河北工程技术学院杜慧慧，河北劳动关系职业学院刘玉美，河北工业职业技术大学郭建梅、梁慧敏、马金兰、梁爽、张华英。其中，模块一由尹素花、吴艳丽编写；模块二由董中奇、吴艳丽编写；模块三由尹素花、王春梅、陈楚晓编写；模块四由张伟、梁慧敏、郭建梅编写；模块五由殷青伟、肖帅、杜慧慧、梁爽、刘玉美、马金兰、张华英编写。

本书开发了微课视频、施工图片等教学资源，在书中关键知识点处以二维码形式呈现，可通过扫码获取。同时，本书还提供了教学课件，可登录 www.cipedu.com.cn 免费下载。

在编写过程中，笔者参考了相关的文献资料。在此，向这些文献的作者表示诚挚的谢意。

由于编写时间仓促，编者水平有限，书中难免存在疏漏与不当之处，敬请广大读者批评指正。

编者

2022 年 06 月

目　录

模块一　预制构件的制作　1

单元一　预制构件制作设备、模具及工具的选择　2

一、预制构件的制作设备　2

二、模具设计与制作　8

三、常用工具　9

单元二　竖向构件的制作　10

一、预制柱制作　10

二、预制混凝土夹芯外墙板制作　12

单元三　水平构件的制作　14

一、钢筋桁架混凝土叠合楼板制作　14

二、预制叠合梁制作　17

单元四　小型构件的制作　19

一、预制楼梯制作　19

二、预制外墙板、阳台板、空调板等小型构件制作　20

拓展知识一　固定式 PC 构件工厂的规划建设　21

一、固定式 PC 构件工厂的总体规划　21

二、预制构件生产工艺布置　22

拓展知识二　预制构件的常用材料和配件　22

一、混凝土、钢筋和钢材　22

二、连接材料　23

三、其他材料　23

拓展知识三　PC 构件的深化设计　24

一、PC 构件深化设计阶段 24
二、预制构件深化设计质量控制要点 25
三、楼盖深化设计 25
四、装配整体式框架结构设计 27
五、装配整体式剪力墙结构设计 31
六、多层装配式墙板结构设计 37
七、外墙挂板设计 38
八、外围护系统设计 39
拓展知识四 基于 BIM 技术的装配式建筑构件深化设计 42
一、BIM 技术在构件深化设计图中的应用 42
二、装配式混凝土建筑预制构件基于 BIM 技术的三维成果表现 44
拓展知识五 预制构件制作中的安全管理 46
能力训练题 47

模块二 预制构件的存储与运输 49

单元一 存储环境、运输设备的选择 49
一、预制构件运输车 49
二、转运架 50
三、翻板机 50
单元二 竖向构件的存储与运输 51
一、竖向预制构件进场前的准备工作 51
二、竖向预制构件的储存 51
三、竖向预制构件的运输 52
单元三 水平构件的存储与运输 53
一、水平预制构件进场前的准备工作 53
二、水平预制构件的储存 53
三、水平预制构件的运输 53
单元四 异型构件的存储与运输 54
一、异型构件运输 54
二、预制构件运输车辆要求 54
拓展知识一 预制构件的基本知识 55
一、预制混凝土（受力）构件简介 55

二、常用非承重预制混凝土构件 57
三、工业化建筑和预制率、装配率、预制装配率 58
拓展知识二 预制构件运输中的安全管理及成品保护 58
一、全面做好运输准备工作 58
二、保证装卸安全的措施 58
三、保证运输安全的措施 58
四、预制构件成品保护的措施 59
能力训练题 60

模块三 预制构件的吊装 062

单元一 吊装设备的选择 062
一、起重吊装设备的选择 062
二、人货两用电梯的选择 065
三、装配式结构外挂三脚防护脚手架的选择 065
四、建筑吊篮的选择 066
五、灌浆设备与用具的选择 067
单元二 竖向构件的吊装 067
一、预制构件施工吊装一般规定 067
二、预制构件施工吊装准备工作 067
三、预制柱的吊装 068
四、预制剪力墙板的吊装 070
单元三 水平构件的吊装 073
一、预制梁的吊装 073
二、预制叠合楼板的吊装 074
单元四 小型构件的吊装 075
一、预制楼梯的吊装 075
二、预制外墙挂板的吊装 076
三、预制阳台板、空调板的吊装 079
拓展知识一 预制构件的后浇混凝土连接方式 079
一、绑扎连接 079
二、焊接 079
三、机械连接 080

四、钢筋的锚固、锚固板连接 081
拓展知识二　预制构件的灌浆套筒连接 081
一、钢筋灌浆套筒连接原理 081
二、钢筋灌浆套筒接头的组成 081
三、钢筋浆锚搭接 085
拓展知识三　预制混凝土连接面 085
一、粗糙面处理 086
二、键槽连接 086
拓展知识四　预制构件吊装中的安全管理 087
一、起重设备作业要求 087
二、防止高空坠落 087
三、防止高空坠物 088
四、防止触电事故 088
能力训练题 089
模块四　装配式混凝土结构现场施工 091
单元一　预制混凝土竖向受力构件的现场施工 091
一、预制混凝土剪力墙构件现场施工 091
二、预制混凝土框架柱构件现场施工 096
单元二　预制混凝土水平受力构件的现场施工 098
一、预制混凝土叠合楼板构件识读图纸 098
二、预制混凝土叠合楼板构件现场施工 107
三、预制混凝土叠合梁构件现场施工 109
单元三　装配式混凝土结构设备及管线安装施工 112
一、设备与管线安装要求 112
二、部品安装 113
拓展知识一　装配式建筑施工现场安全管理 114
一、装配式建筑预制构件现场施工前安全管理 115
二、装配式建筑预制构件现场施工作业安全管理 115
拓展知识二　装配式建筑现场施工成品保护管理 115
能力训练题 116

模块五　装配式混凝土结构质量控制 121

单元一　预制构件生产阶段的质量控制 121
一、预制构件生产用原材料及配件质量控制 122
二、模具质量控制 125
三、钢筋及预埋件质量控制 126
四、预应力构件质量控制 128
五、成型、养护及脱模质量控制 129
六、预制构件检验 131
七、预制构件部品生产质量控制 135
八、预制构件成品的出厂质量检验 136
单元二　装配式混凝土结构施工阶段的质量控制与验收 137
一、工序质量控制 137
二、施工阶段预制构件安装与连接质量控制 137
三、施工阶段预制构件部品安装质量控制 139
四、施工阶段设备与管线安装质量控制 141
单元三　装配式混凝土结构验收阶段的质量控制 141
拓展知识一　影响装配式混凝土结构工程质量的因素 142
拓展知识二　装配式混凝土结构工程质量控制的依据 143
能力训练题 144

参考文献 147

二维码资源目录

二维码编号	资源名称	资源类型	页码
1-1	预制构件的制作设备	视频	8
1-2	预制构件的模具设计与制作	视频	8
1-3	预制构件的制作	视频	12
1-4	保温材料简介	视频	24
1-5	预埋件与主要配件	视频	24
2-1	预制构件的存储和运输	视频	52
3-1	垂直起重设备及用具的选用与准备	视频	67
3-2	预制墙板吊装	视频	71
3-3	预制墙板安装及支撑施工	视频	73
3-4	预制叠合楼板吊装施工	视频	75
3-5	预制楼梯吊装施工	视频	77
3-6	预制楼梯踏步板	图片	77
3-7	装配式楼梯安装	图片	77
3-8	预制混凝土外墙挂板的安装施工	视频	78
3-9	预制混凝土外墙挂板的接缝处理	视频	78
3-10	预制钢筋加工	视频	79
3-11	钢筋直螺纹机械连接	视频	80
3-12	钢筋灌浆套筒连接的介绍	视频	85
3-13	型钢连接方式及预制混凝土连接面	视频	87
4-1	预制外墙安装与施工	视频	92
4-2	柱钢筋绑扎连接	视频	97
4-3	预制柱安装与施工	视频	98
4-4	钢筋桁架混凝土叠合楼板安装施工	视频	108
4-5	预应力带肋混凝土叠合楼板安装施工	视频	108
4-6	桁架混凝土叠合楼板现场安装	图片	109
4-7	混凝土浇筑施工	视频	112
4-8	预制墙板梁交接处	图片	112
4-9	装配式混凝土结构工程的水电安装	视频	113
5-1	预制构件生产的质量控制与验收	视频	137
5-2	装配式混凝土结构施工质量控制与验收	视频	141

模块一

预制构件的制作

【知识目标】

- 了解预制构件深化设计。
- 了解预制构件制作设备、模具及工具。
- 熟悉预制构件制作通用工艺流程。
- 掌握竖向构件预制工艺流程及操作要点。
- 掌握水平构件预制工艺流程及操作要点。

【技能目标】

- 能够编制预制构件制作的技术交底。
- 能熟练使用专用质量检测工具，并依据规范检验预制构件质量。
- 会填写各种施工质量记录，并且进行归档管理。
- 会查阅各种相关的规范、图集和工程资料，能够正确领会并执行国家有关建筑施工规范、规程和标准。
- 能利用所学专业知识解决预制构件制作中遇到的一般技术问题。

【素质目标】

- 养成创新思维和严谨的科学态度，保持自主学习的兴趣和愿望，具有正确的人生观和较强的爱国意识。
- 引导学生将自身发展与行业特点紧密联系，逐步形成良好的学习习惯和细致的工作态度，具备较强的表达与沟通能力。
- 树立爱岗敬业、诚实守信、团结协作、不忘初心的品质，加强环保、节能、安全意识和法治观念。

预制构件的制作主要是由装配式混凝土构件生产企业从事构件生产工作，根据操作流程的规定，完成构件制作作业任务。

预制构件生产单位应具备保证产品质量要求的生产工艺设施、试验检测条件，建立完善的质量管理体系和制度，并宜建立质量可追溯的信息化管理系统。预制构件生产前，应由建设单位组织设计、生产、施工单位进行设计文件交底和会审。必要时，应根据批准的设计文件、拟定的生产工艺、运输方案、吊装方案等编制加工详图。预制构件生产前应编制生产方案，生产方案宜包括生产计划及生产工艺、模具方案及计划、技术质量控制措施、成品存放、运输和保护方案等。生产单位的检测、试验、张拉、计量等设备及仪器仪表均应检定合格，并应在有效期内使用。不具备试验能力的检验项目，应委托第三方检测机构进行试验。

预制构件和部品生产中采用新技术、新工艺、新材料、新设备时，生产单位应制订专门的生产方案；必要时进行样品试制，经检验合格后方可实施。

单元一　预制构件制作设备、模具及工具的选择

预制构件制作首先要进行的是制作设备、模具及工具的选择。

一、预制构件的制作设备

预制构件制作设备通常包括混凝土制造设备、钢筋加工设备、材料出入及保管设备、成型设备、拉毛收光设备、喷油设备、划线设备、加热养护设备、搬运设备、起重设备、测试设备等。在装配式混凝土结构中，预制构件的制作方法包括固定模台法和流动模台法，而流动模台法中常用的主要设备包括混凝土运输车、桥式起重机、布料机、振动台、辊道输送线、平移摆渡车、模台存取机、养护窑、构件运输平车、模台。

1. 划线机

划线机用于在底模上快速而准确画出边模、预埋件等位置。提高放置边模、预埋件时的准确性和速度。

（1）设备组成　数控划线机主要由机械部分、控制系统、伺服系统、划线系统组成。机械结构主要由走行支架、横梁、主副端梁、精密导轨、控制面板组成。控制系统包括数控系统、电器配套 1 套、控制面板。伺服系统由 *X* 轴电机、*Y* 轴电机、伺服变压器等组成。划线系统由划线车、划线支架、划笔、笔墨系统组成。

（2）功能介绍　数控划线机为桥式结构，采用双边伺服驱动，运行稳定，工作效率高。其拥有自动喷枪装置、自动调高感应装置，并有友好的人机操作界面，适用于各种规格的通用模型叠合板及墙板底模的划线。可根据实际要求处理复杂图形，通过精确定位系统保证图形的准确。有的划线机具有德国进口 IBE 自动编程软件，操作简便，可控性强，同时具有数据连接口。

2. 布料机

布料机用于向混凝土构件模具中进行均匀定量的混凝土布料。

（1）设备组成　由双梁行走架、大车行走机构、小车行走机构、混凝土料斗、安全装置、气动系统、清洗装置和电气控制系统等组成。

（2）功能介绍　设备可按图纸尺寸、设计厚度要求由程序控制均匀布料，具有平面两坐标运动控制、纵向料斗升降功能。控制系统留有计算机接口，便于实现直接从中央控制室计算机系统读取图纸数据的功能。布料机采用整幅布料，布料速度快且操作简便。布料机料斗容积约为 $3m^3$，料斗带混凝土称重计量装置，行走速度、布料速度无极可调。布料机配有清洗平台、高压水枪和清理用污水箱，便于清洗和污水回收。布料机可手动控制和自动控制。

如图 1-1 所示为布料机。

图 1-1 布料机

3. 振动台

振动台用于振捣完成布料后的周转平台，将其中混凝土振捣密实。

（1）设备组成　由固定台座、振动台面、减振提升装置、锁紧机构、液压系统和电气控制系统组成。

（2）功能介绍　固定台座和振动台座各有三组，前后依次布置，固定台座与振动台面之间装有减振提升装置，减振提升装置由空气弹簧和限位装置组成。周转平台放置于振动台上。振动台锁紧装置锁紧，将周转平台与振动台锁紧为一体后由布料机在模具中进行布料。布料完成后，振动台起升后再起振，将模具中混凝土振捣密实。如图 1-2 所示为振动台。

图 1-2 振动台

4. 养护窑

养护窑的作用是将混凝土构件在其中存放，经过静置、升温、恒温、降温等几个阶段使水泥构件凝固强度达到要求。

（1）设备组成　由窑体、蒸汽系统（或散热片系统）、温度控制系统等组成。根据生产需求设置具体养护工位数。其基本结构如下：由 2×4 个 6 层养护位的孔洞组成，其中有 2 个为进出输送工位，即共有 46 个养护位，养护窑有保温门；养护窑采用钢结构支架，窑内安装滚轮用于输送及支撑模板；温度控制系统包括电气控制系统（中央控制器、控制柜）、热风循环装置、温度传感器等部分，可根据需求适应不同的养护工艺。

（2）功能介绍　立体养护窑窑体是由型钢组合成框架，框架上安装有托轮，托轮为模块化设计。窑体外墙用保温材料拼合而成，每列构成独立的养护空间，可分别控制各孔位的温度。模具在立体养护窑中经过静置、升温、恒温、降温等几个阶段后，可使预制构件凝固强度达到设计要求。窑体底部设置两个进出输送地面辊道，模板可沿地面辊道通过。中央控制器采用工业级计算机，采用友好的操作界面，便于人机的交互，适合现场使用。养护窑具有较为完善的功能，有工艺温度的参数设置，如温度梯度的设置、最高温度的设定等，具有实时温度的记录曲线或报表，具有数据的报表打印及历史实时记录温度的回放等功能。控制柜由 PLC 和工业专用温度控制器、多点温度传感器、湿度传感器、多路数字和模拟信号输入模块组成。接收到上位机的工艺参数后，可自行构成闭环的控制系统，根据布置在养护窑内多点的温度传感器，采集不同位置的温度信号，自动调节蒸养阀门，使养护窑内形成一个符合温度梯度要求的、无温度阶跃变化的温度环境。

5. 混凝土输送机

混凝土输送机用于搅拌站出来的混凝土存放输送，通过在特定的轨道上行走，将混凝土运送到布料机中。

（1）设备组成　由双梁行走架、运输料斗、行走机构、料斗翻转装置和电气控制系统组成。

（2）功能介绍　运输料斗位于行走架上，运输料斗带行走机构，可平稳地在特定轨道上行走；运输料斗滑触线取电，安全可靠；运输料斗的旋转由翻转装置驱动，将料斗中的混凝土倾泻到布料机中；清洗平台设置于搅拌站下方；电气控制系统安全可靠，清洗料斗时可手柄控制，运料工作时可遥控控制。它在接近布料机前会自动减速，到达后会自动对位停车。如图 1-3 所示为混凝土输送机。

6. 模台存取机

模台存取机用于将振捣密实的水泥构件及模具送至立体养护窑指定位置，将养护好的水泥构件及模具从养护窑中取出，送回生产线上，输送到指定的脱模位置。

（1）设备组成　由行走系统、大架、提升系统、吊板输送架、取/送模机构、纵向定位机构、横向定位机构、电气系统等组成。

（2）功能介绍　横向行走由变频制动电机驱动，横向行走装有夹轨导向装置、横向定位装置，保证横向走位精度，码垛车与养护窑重复位置精度不变。模台存取机移动到将要出模的位置，首先取模机构伸出，将模具勾住伸缩，将模具拉至吊板输送架能够驱动模具的位置后，吊板输送架驱动模台，到位后输送架下落，模台存取机横移到正对脱模工位，送至脱模工位。如图 1-4 所示为模台存取机。

图 1-3　混凝土输送机

图 1-4　模台存取机

7. 预养护及温控系统

模台预养护及温控系统由钢结构支架、保温膜、蒸汽管道、养护温控系统等组成，其中养护温控系统包括电气控制系统（中央控制器、控制柜）、温度传感器等部分。

（1）设备组成　养护通道由钢结构支架、养护棚（钢-岩棉-钢材料）组成，放置于输送线上方，带制品的模板可通过。通道内的预养护工位可自动控制启动停止。中央控制器采用工业级计算机，具有较为完善的功能：可进行工艺温度的参数设置，如温度梯度的设置，最高温度的设定等，具有实时温度的记录曲线或报表，能实现对历史实时记录温度的回放等。控制柜由 PLC 和工业专用温度控制器、多点温度传感器、多路数字和模拟信号输入模块组成。接收到上位机的工艺参数后，可自行构成闭环的控制系统，根据布置在养护棚内多点的温度传感器，采集的不同位置的温度信号，自动调节蒸汽阀门，使养护通道内形成一个符合温度梯度要求的、无温度阶跃变化的温度环境。

（2）功能介绍　具有一套自动监控系统，用于蒸汽养护过程的监控。能自动控制养护通道内温度，设计养护时间 0.6h 左右。养护温控系统内技术配置：控制柜内安装有模拟输入模块的 PLC 进行检测及控制；数显监控工控机用于通道的参数设置、数据采集及管理工作；温度传感器和控制阀用于供气管网的控制。

8. 侧力脱模机

模板固定于托板保护机构上，可将水平板翻转 85° ~ 90° ，便于制品竖直起吊。

（1）设备组成　侧力脱模机由翻转装置、托板保护机构、电气系统、液压系统组成。翻转装置由两个相同结构翻转臂组成，翻模机构又可分为固定台座、翻转臂、托座、模板锁死装置。

（2）功能介绍　拆除边模的周转平台通过滚轮输送到达翻转工位，由模具锁死装置固定模板，托板保护机构托住制品底边，翻转油缸顶伸，翻转臂开始翻转，翻转角度达到 85° ~ 90° 时，停止翻转，制品被竖直吊走，翻转模板复位。

9. 运板平车

运板平车用于运输成品 PC 板，将成品 PC 板由车间运送至堆放场。

（1）设备组成　由稳定的型钢结构和钢板组成的车体、行走机构、电瓶、电气控制系统组成。

（2）功能介绍　电瓶运板车的行走机构可平稳地在轨道上行走；电瓶电量可供运板车连续工作 10h；电控系统可手柄控制，也可遥控控制。

10. 刮平机

刮平机可将布料机浇注的混凝土振捣并刮平，使得混凝土表面平整。

（1）设备组成　刮平机由钢支架、大车、小车、整平机构及电气系统等组成。

（2）功能介绍　刮平机在钢支架上纵向行走，安全平稳，不易发生伤人事故，刮平机构在小车上安装，小车横向行走，其刮平范围可覆盖整个模板。刮平机构的升降系统使用电动升降，其结构紧凑，安装方便、节省空间，而且可以在规定行程范围内的任意位置停止并自锁。当断电时，可将刮平机构锁定在该位置，避免产生事故。其操作方便，维护工作量小。刮平机构上装有振动电机，升降系统支架装有减振装置，刮平机构装有特制刮平板，刮平板由耐磨材料按照特定的弧度压制而成，整平效果好。行走机构采用变频带刹车减速机，可以方便地调整速度。

11. 抹光机

抹光机用于内外墙板外表面的抹光。抹平头可在水平方向两自由度内移动作业。

（1）设备组成　抹光机由门架式钢结构机架、行走机构、抹光装置、提升机构、电气控制系统等组成。

（2）功能介绍　在构件初凝后将构件表面抹光，保证构件表面的光滑。

12. 模具清扫机

模具清扫机将脱模后的空模台上附着的混凝土清理干净。

（1）设备组成　模具清扫机是由 1 组清渣铲、2 组横向刷辊、1 个坚固的支撑架、除尘器、1 个清渣斗和电气系统组成。

（2）功能介绍　模具清扫机能将附着、散落在模具上的混凝土渣清理干净，并收集到清渣斗内。清渣铲能将附着的混凝土铲下，横向刷辊可以将底模上混凝土渣清扫到清渣斗内。除尘器能将毛刷激起的扬尘吸入滤袋内，避免粉尘污染。其控制系统与喷涂脱模机装置一体化集成，减少操作人员。

13. 拉毛机

拉毛机对叠合板构件新浇注混凝土的上表面进行拉毛处理，以保证叠合板和后浇注的地板混凝土较好地结合起来。

图 1-5　拉毛机

（1）设备组成　拉毛机由钢支架、变频驱动的大车及行走机构、小车走行机构、升降机构、转位机构、可拆卸的毛刷、1 套电气控制系统组成。

（2）功能介绍　拉毛机在钢支架上纵向行走，小车在大车轨道上横向行走，拉毛范围可覆盖整个模板。拉毛毛刷由合金刀板组成。如图 1-5 所示为拉毛机。

14. 摆渡车

摆渡车用于线端模具的横移。

（1）设备组成　摆渡车由框式机架、行走机构、支撑轮组、驱动轮组及电控系统等组成。

（2）功能介绍　摆渡车工作过程如下：周转平台通过生产线上的驱动轮装置及摆渡车上的驱动轮组装置进入摆渡车上方，由支撑轮组支撑，达到摆渡车上指定位置；行走机构开始工作，横向移动至另一侧工位；横向运送车返回原位。考虑到运输模具过程的复杂工况，摆渡车各部分的位置识别通过固定在车上的感应式启动器和固定在地面上的信号轨进行。

15. 支撑、驱动轮及控制系统

该系统用于整条生产线的空模周转平台及带制品周转平台的运输。

（1）结构组成　模板轨道自动传送系统由滚轮支架及带制动摩擦轮的驱动装置组成。每条轨道板滚轮架线由 1 套电气控制系统控制，用于协调架线与其他设备的配合工作。每套电气控制系统由以 PLC 为核心的主控制系统组成，下设子控制系统，主控制系统包括变频调速控制柜、PLC 电器柜等。主控制柜由 PLC 及外围输入输出电路组成，电机主回路的设备由变频调速器、空气开关、接触器、热继电器等组成。每个模位设有转换开关，决定整个控制系统运行模式。在子控制系统上的转换开关是手动 / 自动切换的。在输送线上不同位置布置了行程开关用于检测模板的位置、变速等，实现各工位的自动停止、启动、变速，并将清理装置、喷涂脱模剂装置、横移车等设备开启和停止进行统一控制。

（2）功能简述　输送线控制系统用于传送空模周转平台及带制品周转平台，是一条从空模周转平台延伸到成品下线的输送线，采用 PLC 自动控制系统对整个流程进行控制。操作人员可通过选择运行模式对整个输送线分工，各工位可以独立运行及组合运行，可以手动/自动/半自动化切换运行，输送线流程中间有清理、喷涂脱模剂、钢筋安装、横移等工位。驱动线按生产工艺分为装钢筋网工位，安装钢筋、埋件工位，浇注工位，静养工位，整平工位，抹平工位，拉毛工位，窑底1#，窑底2#，拆除边模工位、脱模工位等。每个工位都装有防撞装置。如图1-6所示为支撑、驱动轮及控制系统。

(a) 支撑及控制系统

(b) 驱动轮

图1-6 支撑、驱动轮及控制系统

16. 模台

如图1-7所示为钢模台。

模台设计要点：根据楼层高度和构件长度，面板宜选用整块的钢板。每个大模台上布置不宜超过3块构件，据此选择底模长度，宽度由建筑层高决定。对于板面要求不严格的，可采用拼接钢板的形式，但需注意拼缝的处理方式。模台支撑结构可选用工字钢或槽钢，为了防止焊接变形，大模台最好设计成单向板的形式，面板一般选用10mm厚钢板。大模台使用时，需固定在平整的基础上，定位后的操作高度不宜超过500mm。常用的模台尺寸为3500mm×9000mm和3500mm×12000mm。

图1-7 钢模台

（1）刚度　在宽度方向下挠≤±1mm。

（2）精度平整度　表面不平度在任意 2000mm 长度内≤±1mm。

（3）轨道宽度及尺寸精度　由辊道输送线生产厂家给定。

（4）表面质量要求

① 钢板拼缝的缝隙≤0.3mm；

② 拼缝处钢板高低差≤0.2mm；

③ 钢板拼缝不得漏浆水；

④ 钢板表面不得出现锈蚀和划痕损伤；

⑤ 钢板表面不得含有对混凝土构件形成污染的基源。

1-1 预制构件的制作设备

二、模具设计与制作

1. 预制构件模具设计的总体要求

预制构件模具以钢模为主，面板主材选用 HPB300 级钢板，支撑结构可选用型钢或者钢板，规格可根据模具形式选择，应满足以下要求：

（1）模具应具有足够的承载力、刚度和稳定性，保证在构件生产时能可靠承受浇筑混凝土的重量、侧压力及工作荷载。

（2）模具应支、拆方便，且应便于钢筋安装和混凝土浇筑、养护。

（3）模具的部件与部件之间应连接牢固；预制构件上的预埋件均应有可靠的固定措施。

2. 预制构件模具的设计

预制构件模具图一般包括模具总装图、模具部件图和材料清单三个部分。

现有的模具体系可分为独立式模具和大模台式模具（即模台可公用，只加工侧模）。独立式模具用钢量较大，适用于构件类型较单一且重复次数多的项目。大模台式模具只需制作侧边模具，底模还可以在其他工程上重复使用，本书主要介绍大模台式模具体系。

主要模具类型有梁模、柱模、叠合楼板模具、阳台板模具、楼梯模具、内墙板模具和外墙板模具等。

3. 模具的制作

模具制作加工工序可概括为开料、制成零件、拼装成模。

首先，依照零件图开料，将零件所需的各部分材料按图纸尺寸裁制。部分精度要求较高的零件、裁制好的板材还需要进行精加工来保证其尺寸精度符合要求。

其次，将裁制好的材料依照零件图进行折弯、焊接、打磨等制成零件。部分零件因其外形尺寸对产品质量影响较大，为保证产品质量，焊接好的零件还需对其局部尺寸进行精加工。

最后，将制成的各零件依照组装图拼模。拼模时，应保证各相关尺寸达到精度要求。待所有尺寸均符合要求后，安装定位销及连接螺栓，随后安装定位机构和调节机构。再次复核各相关尺寸，若无问题，模具即可交付使用。

1-2 预制构件的模具设计与制作

4. 模具的选择

按照预制构件深化设计图纸来选择模具，深化设计严格按照设计模数进行设计。

三、常用工具

1. 横吊梁

横吊梁俗称铁扁担、扁担梁，常用于梁、柱、墙板、叠合板等构件的吊装。用横吊梁吊运部品构件时，可以防止因起吊受力不均而对构件造成破坏，便于构件的安装、校正。常用的横吊梁有框架式吊梁（图 1-8）、单根吊梁。

2. 吊索

通常，吊索是由钢丝绳或铁链制成的。因此，钢丝绳或铁链的允许拉力即为吊索的允许拉力，在使用时，其拉力不应超过其允许拉力。

3. 新型接驳器

随着预制构件的制作工艺和安装技术的发展，出现了多种新型的专门用于连接新型吊点的接驳器，包括各种用于圆头吊钉、套筒吊钉、平板吊钉的接驳器，它们具有接驳快速、使用安全等特点。如图 1-9 所示为保温墙体拉结件，图 1-10 为新型接驳器。

图 1-8 框架式吊梁

图 1-9 保温墙体拉结件

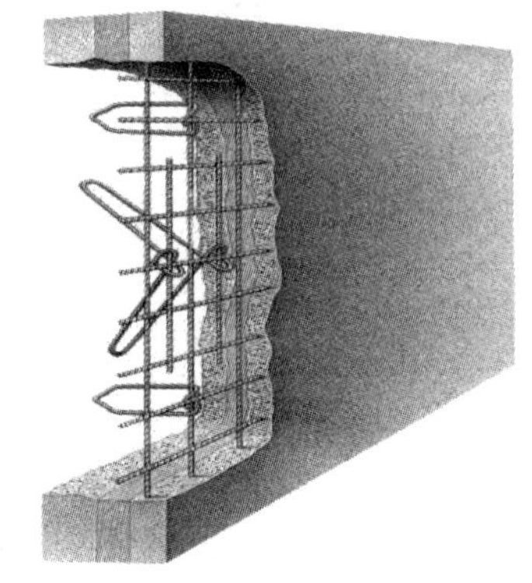

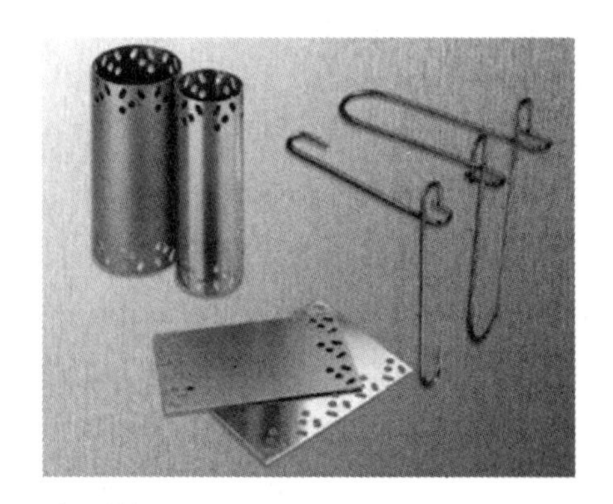

图 1-10 新型接驳器

4. 磁性固定装置

模具的传统固定方式是采用螺栓和螺母来连接和紧固，这样不但浪费材料，拆卸费时、

图 1-11 磁性固定装置——磁盒

费力，还在一定程度上破坏了模板平台，缩短了整个系统的使用寿命，给整个生产线带来损失。使用磁性固定装置，对平台没有任何损伤，拆卸快捷方便，磁盒可以重复使用，不但能够提高效率，也具有很高的经济实用性，已经在国内得到越来越广泛的重视和应用。磁性固定装置包括边模固定磁盒及其连接附件、磁力边模、磁性倒角条以及各种预埋件固定磁座。如图 1-11 所示为磁性固定装置——磁盒。

5. 夹具

夹具是预制过程中用来迅速、方便、安全地固定边模、支架或预埋件，使之占有正确的位置，以使边模、支架或预埋件准确定位的装置。常用的夹具有 U 形夹具、大力钳等。

单元二 竖向构件的制作

一、预制柱制作

在预制柱的制作过程中，根据场地条件、构件的尺寸、实际需要等情况，分别采取流动模台法或固定模台法预制生产，并且所用生产设备应符合相关行业技术标准要求。构件生产企业应依据构件制作图进行预制构件的制作，并应根据预制构件型号、形状、重量等特点制订相应的工艺流程，明确质量要求和生产各阶段质量控制要点，编制完整的构件制作计划书，对预制构件生产全过程进行质量管理和计划管理。

1. 预制柱制作的工艺流程

制作准备→模台清理→模具组装→脱模剂、缓凝剂涂刷→钢筋绑扎→预埋件预埋→隐蔽工程验收→混凝土浇筑→养护→脱模、起吊→表面处理→质检→构件成品入库。

2. 预制柱制作准备

预制构件模具除应满足承载力、刚度和整体稳定性要求外，还应满足预制构件质量、生产工艺、模具组装与拆卸、周转次数等要求；应满足预制构件预留孔洞、插筋、预埋件的安装定位要求。

3. 预制柱模具组装

对操作模台进行清理，预制柱按照组装顺序进行，先组装三面侧模。模具拼装时，模板接触面平整度、板面弯曲、拼装缝隙、几何尺寸等应满足相关设计的要求。预制柱侧面模具拼装应连接牢固、缝隙严密，拼装时，应进行表面清洗并涂刷水性或蜡质脱模剂，接触面不应有划痕、锈渍和氧化层脱落等现象，预制柱柱头及柱脚模具表面应涂刷缓凝剂。

4. 预制柱钢筋骨架安装及验收

钢筋骨架和预埋件必须严格按照构件加工图及下料单要求制作。柱纵向钢筋（带灌浆套筒）及需要套螺纹的钢筋不得使用切断机下料，必须保证钢筋两端平整，套螺纹长度、螺纹距及角度必须严格按照图纸设计要求。

预制柱钢筋骨架应满足构件设计图纸要求，宜采用专用钢筋定位件，钢筋骨架尺寸应准确，骨架吊装时应采用多吊点的专用吊架，防止骨架产生变形。保护层垫块宜采用塑料类垫块，且应与钢筋骨架绑扎牢固；垫块按梅花状布置，间距应满足钢筋限位及控制变形的要求。钢筋骨架入模时应平直、无损伤，表面不得有油污或者锈蚀。应按构件图纸安装好钢筋连接套管、灌浆套筒连接件、预埋件。预制柱表面的预埋件、螺栓孔和预留孔洞应按构件模板图进行配置，应满足预制构件吊装、制作工况下的安全性、耐久性和稳定性。

5. 预制柱混凝土浇筑

在混凝土浇筑前应进行预制柱的隐蔽工程检查，检查项目应包括下列内容：钢筋的牌号、规格、数量、位置、间距等；预制柱纵向受力钢筋的连接方式、接头位置、接头质量、接头面积百分率、浆锚搭接长度等；箍筋、横向钢筋的牌号、规格、数量、位置、间距、箍筋弯钩的弯折角度及平直段长度；预埋件、吊环、插筋的规格、数量、位置等；灌浆套筒、预留孔洞的规格、数量、位置等；钢筋的混凝土保护层厚度；预埋管线、线盒的规格、数量、位置及固定措施。

按照生产计划确定混凝土用量并搅拌混凝土，混凝土浇筑过程中注意对钢筋骨架及埋件的保护，浇筑厚度使用专门的工具测量，严格控制，振捣后应当至少进行一次抹压。构件浇筑完成后采用拉毛收光机或人工抹面进行一次收光抹面，收光抹面过程中应当检查外露的钢筋及预埋件，并按照要求调整。浇筑时，洒落的混凝土应当及时清理。浇筑过程中，应采用插入式振捣棒充分有效振捣，避免出现漏振造成的蜂窝、麻面现象。浇筑时，按照试验室要求预留试块。

6. 预制柱混凝土的养护

混凝土养护可采用覆盖浇水和塑料薄膜覆盖的自然养护、化学保护膜养护和蒸汽养护方法。预制柱体积较大，宜采用自然养护方式。预制柱采用加热养护时，应制订相应的养护制度，预养时间宜为 1 ~ 3h，升温速率应为 10 ~ 20℃ /h，降温速率不应大于 10℃ /h。预制柱为较厚构件，养护温度为 40℃，持续养护时间应不小于 4h。构件脱模后，当混凝土表面温度和环境温差较大时，应立即覆膜养护。

7. 预制柱脱模与表面修补

预制柱蒸汽养护后，蒸养罩内外温差小于 20 ℃时方可进行拆模作业。预制柱拆模应严格按照顺序拆除模具，不得使用振动方式拆模。构件拆模时，应仔细检查，确认构件与模具之间的连接部分完全拆除后方可起吊。预制构件拆模起吊前，应根据设计要求或具体生产条件确定所需的混凝土标准立方体抗压强度，脱模混凝土强度应不小于 15MPa。预制柱起吊时，混凝土强度不应小于 30MPa；对于预应力预制构件及拆模后需要移动的预制构件，拆模时，同条件制作的混凝土立方体抗压强度应不小于混凝土设计强度的 75%。

构件脱模后，存在不影响结构性能的钢筋、预埋件或者连接件锚固的局部破损和构件表面的非受力裂缝时，可用修补浆料进行表面修补后使用。

8. 预制柱检验

装配式混凝土结构中的构件检验关系到主体的质量安全，应重视。

预制柱的检验主要包含原材料检验、隐蔽工程检验、成品检验三部分。

预制柱在出厂前应进行成品质量验收，其检查项目包括预制构件的外观质量、预制构件的外形尺寸、预制构件的钢筋、连接套筒、预埋件、预留孔洞，其检查结果和方法应符合现行国家标准的规定。

9. 预制柱的标识

预制柱验收合格后，应在明显部位标识构件型号、生产日期和质量验收合格标志。预制构件脱模后应在其表面醒目位置按构件设计制作图规定对每个构件编码。预制构件生产企业应按照有关标准规定或合同要求，对其供应的产品签发产品质量证明书，明确重要参数，有特殊要求的产品还应提供安装说明书。

1-3 预制构件的制作

二、预制混凝土夹芯外墙板制作

对于较复杂的构件，如预制混凝土外墙板，其制造工艺目前有两种，即反打工艺和正打工艺。

反打工艺是指在模台的底模上预铺各种花纹的衬模，使墙板的外表皮在下面，内表皮在上面；正打工艺则与之相反，通常直接在模台的底模上浇筑墙板，使墙板的内表皮朝下，外表皮朝上。反打工艺可以在浇筑外墙混凝土墙体的同时一次将外饰面的各种线型及质感制作出来，贴有面砖的预制混凝土外墙板通常采用反打预制工艺。

按照预制构件生产工艺来分，又可以分为平模工艺和立模工艺。对于预制混凝土夹芯保温外墙板，宜采用平模工艺生产，生产时应先浇筑外叶墙板混凝土层，再安装保温材料和拉结件，最后浇筑内叶墙板混凝土层；当采用立模工艺生产时，应同步浇筑内外叶墙板混凝土层，并应采取保证保温材料及拉结件位置准确的措施。

1. 预制混凝土夹芯外墙板制作的工艺流程

制作准备→模台清理→脱模剂、缓凝剂涂刷→外叶板支模→外叶板钢筋绑扎→外叶板预埋件预埋→外叶板钢筋隐蔽工程验收→混凝土浇筑、振捣→保温板铺设→内叶板支模→内叶板预埋件安装固定→内叶板钢筋安装→内叶板钢筋隐蔽工程验收→混凝土浇筑、振捣→养护→脱模、起吊→表面处理→质检→构件成品标识入库。

2. 制作准备

预制构件制作前，对带饰面砖或饰面板的构件，应绘制排砖图或排板图；对夹芯外墙板，应绘制内外叶墙板的拉结件布置图及保温板排板图。预制构件模具应满足承载力、刚度和整体稳定性要求；应满足预制构件质量、生产工艺、模具组装与拆卸、周转次数等要求；应满足预制构件预留孔洞、插筋、预埋件的安装定位要求。

预制构件所有模具必须清洁干净，不得存有铁锈、油污及混凝土残渣，在生产过程中，要根据生产计划合理选取模具，保证充分利用模台，对于存在变形超过规程要求的模具一律不得使用，首次使用及大修后的模板应当全数检查，使用中的模板应当定期检查，并做好检查记录。

3. 刷脱模剂、缓凝剂

脱模剂、缓凝剂使用前需确保其仍在有效使用期内，且必须涂刷均匀。

4. 外叶板支模

外模组装前应当贴双面胶或者组装后打密封胶，防止浇筑振捣过程漏浆。侧模与底模、顶模组装后必须在同一平面内，严禁出现错台。组装后需校对尺寸，应特别注意对角尺寸，可使用磁盒进行加固。使用磁盒固定模具时，一定要将磁盒底部杂物清除干净，且必须将螺钉有效地压到模具上。

5. 外叶板钢筋绑扎

带飞边的外模，需要增加水平分布筋，且锚入内叶部分长度不小于锚固长度，加强钢筋应当按照设计要求绑扎。绑扎过程中，对于尺寸、弯折角度不符合设计要求的钢筋不得绑扎，一律退回。需要预留梁槽或孔洞时，应当根据要求绑扎加强筋，对于梁部预留的梁槽，梁内构造筋断开处可不留保护层。

6. 外叶板预埋件预埋

预埋件制作及安装应严格按照设计图纸给出的尺寸要求制作，制作安装后必须对所有预埋件的尺寸进行验收。

7. 混凝土浇筑、振捣

应根据混凝土的品种、工作性、预制外墙板的规格形状等因素，制订合理的振捣成型操作规程。混凝土应采用强制式搅拌机搅拌，并宜采用机械振捣。按照生产计划混凝土用量搅拌混凝土，混凝土浇筑过程中应注意对钢筋网片及预埋件的保护，浇筑厚度使用专门的工具测量并严格控制，振捣后应当对边角进行一次抹平，保证构件外模与保温板之间无缝隙。

8. 保温板铺设

将制作好的保温板按顺序放入，使用橡胶锤将保温板按顺序敲打密实，要特别注意边角的密实程度，严禁上人踩踏，确保保温板与外叶混凝土可靠黏结。

9. 内叶板模板安装

将组装好的内叶板模具（绑扎好钢筋）按照提前测量好的位置放到外叶上，确保一次放准确，避免来回拖动导致连接件及保温板的扰动，微调至设计尺寸后进行加固，保证内叶板模与保温层之间无缝隙。

10. 内叶板预埋件安装

内、外剪力墙灌浆套筒与底模之间不允许存在缝隙，外露纵筋位置及尺寸确保符合设计要求；构件吊钉尾翼钢筋应当根据要求及构件尺寸选取，尾翼钢筋必须绑扎牢固，穿孔处下部不得留有缝隙，防止吊装过程中出现裂缝。

11. 内叶板钢筋隐蔽工程验收

浇筑前对内模板的尺寸、钢筋绑扎、预埋件安装等按照验收方法进行检查，并做好隐蔽工程记录。

12. 混凝土浇筑、振捣（内模）

浇筑时，应避免混凝土洒落到保温板上，洒落的混凝土应当及时清理。浇筑过程中，要对边角及灌浆套筒进行充分有效振捣，避免出现漏振造成蜂窝、麻面现象。浇筑时，按照试验室要求预留试块。构件浇筑完成后进行一次收面，收面过程中应当检查外露的钢筋及预埋件，并按照要求调整。

13. 养护

混凝土养护可采用覆盖浇水和塑料薄膜覆盖的自然养护、化学保护膜养护和蒸汽养护方法。当采用自然养护时，应符合现行国家标准《混凝土结构工程施工规范》(GB 50666）的要求。生产墙板等较薄预制构件或冬期生产预制构件时，宜采用加热养护或蒸汽养护方式。预制构件采用加热养护时，应制订相应的养护制度，宜在常温下放置 2 ~ 6h，升温、降温速度不应超过 20℃ /h，最高养护温度不宜超过 70℃，预制构件出蒸养窑时的温度与环境温度的差值不宜超 25℃。

14. 脱模与表面修补

构件蒸汽养护后，蒸养罩内外温差小于 20℃时方可进行拆模作业。构件拆模应严格按照顺序拆模，严禁使用振动、敲打方式拆模；构件拆模时，应仔细检查，确认构件与模具之间的连接部分完全拆除后，方可起吊；预制构件拆模起吊时，应根据设计要求或具体生产条件确定所需的混凝土标准立方体抗压强度，脱模外墙板混凝土强度应不小于 20MPa ；对于预应力预制构件及拆模后需要移动的预制构件，拆模时的混凝土立方体抗压强度应不小于混凝土设计强度的 75%。构件起吊应平稳，墙板宜先采用模台翻转方式起吊，模台翻转角度不应小于 75°，然后采用多点起吊方式脱模。

构件脱模后，存在不影响结构性能的钢筋、预埋件或者连接件锚固的局部破损和构件表面的非受力裂缝时，可用修补浆料进行表面修补后使用。构件脱模后，构件外装饰材料出现破损应进行修补。

15. 预制混凝土夹芯墙板质检

预制夹芯墙板的检验主要包含原材料检验、隐蔽工程检验、成品检验三部分。

预制夹芯墙板在出厂前应进行成品质量验收，其检查项目包括预制构件的外观质量、预制构件的外形尺寸、预制构件的钢筋、连接套筒、预埋件、预留孔洞，其检查结果和方法应符合现行国家标准的规定。

图 1-12　夹芯保温外墙板

16. 预制混凝土夹芯墙板的标识入库

预制混凝土夹芯墙板验收合格后，应在明显部位标识构件型号、生产日期和质量验收合格标志。预制构件脱模后应在其表面醒目位置按构件设计制作图规定对每个构件编码。预制构件生产企业应按照有关标准规定或合同要求，对其供应的产品签发产品质量证明书，明确重要参数，有特殊要求的产品还应提供安装说明书。如图 1-12 为夹芯保温外墙板。

单元三　水平构件的制作

一、钢筋桁架混凝土叠合楼板制作

在钢筋桁架混凝土叠合楼板的制作过程中，根据场地条件、构件的尺寸、实际需要等情况，分别采取流动模台法或固定模台法预制生产，并且所用生产设备应符合相关行业技术标准要求。构件生产企业应依据构件制作图进行预制构件的制作，并应根据预制构件型号、形状、重量等特点制订相应的工艺流程，明确质量要求和生产各阶段质量控制要点，编制完整的构件制作计划书，对预制构件生产全过程进行质量管理和计划管理。

1. 钢筋桁架混凝土叠合板制作的工艺流程

制作准备→模台清理→模具组装→脱模剂、缓凝剂涂刷→钢筋绑扎→水电、预埋件预埋→钢筋隐蔽工程验收→混凝土浇筑→拉毛处理→养护→脱模、起吊→表面处理→质检→构件成品标识入库。

2. 钢筋桁架混凝土叠合板制作准备

预制构件模具除应满足承载力、刚度和整体稳定性要求外，还应满足预制构件质量、生产工艺、模具组装与拆卸、周转次数等要求；同时应满足预制构件预留孔洞、插筋、预埋件的安装定位要求。预应力构件的模具应根据设计要求预设反拱。

3. 钢筋桁架混凝土叠合板模具组装

对操作模台进行清理，采用划线机进行叠合板划线，摆放模具。叠合楼板要按照顺序进行组装，待模具初步固定后进行模具测量，做模具安装质量检查。内容包括检查构件截面尺寸，检查叠合板厚度、长度、宽度尺寸，核实对角线尺寸。之后进行模具校正，保证叠合板方正。模具最终固定后，在模台底模上涂刷脱模剂，在侧面模具内侧涂刷缓凝剂，保证混凝土浇筑成型后用水枪冲刷形成水洗粗糙面，脱模剂、缓凝剂涂刷要均匀一致。如图 1-13 所示钢筋桁架混凝土叠合板模具。

图 1-13 钢筋桁架混凝土叠合板模具

4. 钢筋桁架混凝土叠合板钢筋绑扎

钢筋网片和预埋件必须严格按照叠合板钢筋加工图及下料单要求制作。摆放好叠合板底部受力钢筋后进行底筋绑扎，水电线盒、预留洞等预留预埋，桁架筋安装固定，端部钢筋外露处封堵等。

钢筋的隐蔽验收。预制叠合板钢筋网片应满足构件设计图纸要求，宜采用专用钢筋定位件，钢筋网片尺寸应准确。保护层垫块宜采用塑料类垫块，且应与钢筋网片绑扎牢固；垫块按梅花状布置，间距应满足钢筋限位及控制变形的要求。预制叠合板表面的水电线盒预埋件、螺栓孔和预留孔洞应按构件模板图进行配置，应满足预制构件吊装、制作工况下的安全性、耐久性和稳定性。

5. 钢筋桁架混凝土叠合板混凝土浇筑

在混凝土浇筑前应进行钢筋桁架混凝土叠合楼板的隐蔽工程检查，检查项目应包括下列内容：钢筋的牌号、规格、数量、位置、间距等；预埋件、吊环、插筋的规格、数量、位置等；预留孔洞的规格、数量、位置等；钢筋的混凝土保护层厚度；预埋管线、线盒的规格、数量、位置及固定措施。

按照生产计划混凝土用量搅拌混凝土，混凝土浇筑过程中注意对钢筋网片及埋件的保护，浇筑厚度使用专门的工具测量，严格控制，振捣后应当至少进行一次抹压。构件浇筑完成后采用拉毛收光机或人工进行一次收光抹面，收光抹面过程中应当检查外露的钢筋及预埋件，并按照要求调整。浇筑时，洒落的混凝土应当及时清理。浇筑过程中，应采用模台振动等措施进行充分有效振捣，避免出现漏振造成的蜂窝、麻面现象。浇筑时，按照试验室要求预留试块。钢筋桁架混凝土叠合楼板管线预留及混凝土浇筑如图 1-14、图 1-15 所示。

(a) 预留洞

(b) 管线预留

图 1-14　钢筋桁架混凝土叠合板管线预留

图 1-15　钢筋桁架混凝土叠合板混凝土浇筑

6. 钢筋桁架混凝土叠合板的养护

混凝土养护可采用覆盖浇水和塑料薄膜覆盖的自然养护、化学保护膜养护和蒸汽养护方法。钢筋桁架混凝土叠合楼板等较薄预制构件或冬期生产预制构件，宜采用蒸汽养护方式。先进行构件预养护，再进行叠合板拉毛处理，最后进行构件蒸汽养护，按照规范要求进行蒸汽养护温度设置。预制构件采用加热养护时，应制订相应的养护制度，预养时间宜为 1 ~ 3h，升温速率应为 10 ~ 20℃ /h，降温速率不应大于 10℃ /h；楼板、墙板等较薄构件，养护最高温度为 60℃，持续养护时间应不小于 4h。构件脱模后，当混凝土表面温度和环境温差较大时，应立即覆膜养护。

7. 钢筋桁架混凝土叠合板脱模与表面修补

预制叠合板蒸汽养护后，蒸养库内外温差小于 20℃时方可进行拆模作业。预制叠合板拆模应严格按照顺序拆除模具，先拆除磁盒，再拆除螺钉，接着拆除封堵材料，最后拆除模具，注意不得采用振动方式拆模。由于叠合板四周侧面和现场后浇混凝土形成施工缝，所以用水枪喷刷形成水洗粗糙面。预制构件拆模起吊时，应根据设计要求或具体生产条件确定所需的混凝土标准立方体抗压强度，脱模混凝土强度应不小于 15MPa；预制叠合板等较薄预制构件起吊时，混凝土强度不应小于 20MPa；对于预应力预制构件及拆模后需要移动的预制构件，拆模时的混凝土立方体抗压强度应不小于混凝土设计强度的 75%。

构件脱模后，不存在影响结构性能、钢筋、预埋件或者连接件锚固的局部破损和构件表面的非受力裂缝时，可用修补浆料进行表面修补后使用。

8. 钢筋桁架混凝土叠合板检验

装配式混凝土结构中的构件检验关系到主体的质量安全，应重视。

预制叠合板的检验主要包含原材料检验、隐蔽工程检验、成品检验三部分。

预制叠合板在出厂前应进行成品质量验收，其检查项目包括预制构件的外观质量、预制构件的外形尺寸、预制构件的钢筋预埋件、预留孔洞，其检查结果和方法应符合现行国家标准的规定。

9. 钢筋桁架混凝土叠合板的标识入库

叠合板验收合格后，应在明显部位喷印标记，标识构件型号、生产日期和质量验收合格标志。预制构件脱模后应在其表面醒目位置按构件设计制作图规定对每个构件编码，填写入库单，摆放垫木，构件入库。预制构件生产企业应按照有关标准规定或合同要求，对其供应的产品签发产品质量证明书，明确重要参数，有特殊要求的产品还应提供安装说明书。

二、预制叠合梁制作

构件生产企业应依据构件叠合梁制作图进行预制构件的制作，并应根据预制构件型号、形状、重量等特点制订相应的工艺流程，明确质量要求和生产各阶段质量控制要点，编制完整的构件制作计划书，对预制构件生产全过程进行质量管理和计划管理。

1. 预制叠合梁制作的工艺流程

制作准备→模台清理→模具组装→脱模剂涂刷→钢筋绑扎→预埋件预埋→隐蔽工程验收→混凝土浇筑→拉毛处理→养护→脱模、起吊→表面处理→质检→构件成品标识入库。

2. 预制叠合梁制作准备

预制构件模具除应满足承载力、刚度和整体稳定性要求外，还应满足预制构件质量、生产工艺、模具组装与拆卸、周转次数等要求；同时应满足预制构件预留孔洞、插筋、预埋件的安装定位要求。预应力构件的模具应根据设计要求预设反拱。

3. 预制叠合梁模具组装

对操作模台进行清理，采用划线机进行叠合梁划线，摆放模具。叠合梁要按照组装顺序进行，待模具初步固定后进行模具测量。还应做模具安装质量检查，内容包括检查构件截面尺寸，检查叠合梁高度、长度、宽度尺寸，检查垂直度之后进行模具校正，保证叠合梁方正。模具终固定后，在模台底模及侧面模具内侧涂刷脱模剂，脱模剂涂刷要均匀一致。

4. 预制叠合梁钢筋骨架安装及验收

钢筋骨架和预埋件必须严格按照构件加工图及下料单要求制作。预制叠合梁采用开口箍筋的，要严格控制箍筋的间距和位置，预制叠合梁纵向钢筋（带灌浆套筒）及需要套螺纹的钢筋不得使用切断机下料，必须保证钢筋两端平整，套螺纹长度、螺纹距及角度必须严格按照图纸设计要求。预制叠合梁钢筋骨架应满足构件设计图纸要求，宜采用专用钢筋定位件，钢筋骨架尺寸应准确。保护层垫块宜采用塑料类垫块，且应与钢筋网片绑扎牢固；垫块按梅花状布置，间距应满足钢筋限位及控制变形的要求。

5. 预制叠合梁混凝土浇筑

在混凝土浇筑前应进行叠合梁钢筋的隐蔽工程检查，检查项目应包括下列内容：钢筋的牌号、规格、数量、位置、间距等；纵向受力钢筋的连接方式、接头位置、接头质量、接头面积百分率、搭接长度等；箍筋、横向钢筋的牌号、规格、数量、位置、间距，箍筋弯钩的弯折角度及平直段长度等；预埋件、吊环、插筋的规格、数量、位置等；灌浆套筒、预留孔洞的规格、数量、位置等；钢筋的混凝土保护层厚度；预埋管线、线盒的规格、数量、位置及固定措施。

按照生产计划混凝土用量搅拌混凝土，混凝土浇筑过程中注意对钢筋骨架及埋件的保护，浇筑厚度使用专门的工具测量，严格控制，振捣后应当至少进行一次抹压。构件浇筑完成后采用拉毛收光机或人工进行一次收光抹面，收光抹面过程中应当检查外露的钢筋及预埋件，并按照要求调整。浇筑时，洒落的混凝土应当及时清理。浇筑过程中，应采用模台振动等措施进行充分有效振捣，避免出现漏振造成的蜂窝、麻面现象。浇筑时，按照试验室要求预留试块。

6. 预制叠合梁混凝土的养护

混凝土养护可采用覆盖浇水和塑料薄膜覆盖的自然养护、化学保护膜养护和蒸汽养护方法。叠合梁体积较大，宜采用自然养护方式。

预制构件采用加热养护时，应制订相应的养护制度，对静停、升温、恒温和降温时间进行控制，宜在常温下静停 2 ~ 6h，升温、降温速率不应超过 20℃ /h，最高养护温度不宜超过 70℃，预制构件出养护窑时的表面温度与环境温度的差值不宜超过 25℃。预制叠合梁、预制柱等较厚预制构件养护温度宜为 40℃。构件脱模后，当混凝土表面温度和环境温差较大时，应立即覆膜养护。

7. 预制叠合梁脱模与表面修补

预制叠合梁蒸汽养护后，蒸养库内外温差小于 20℃时方可进行拆模作业。预制叠合梁应严格按照顺序拆除模具，不得使用振动方式拆模。构件拆模时，应仔细检查，确认构件与模具之间的连接部分完全拆除后方可起吊；预制构件拆模起吊时，应根据设计要求或具体生产条件确定所需的混凝土标准立方体抗压强度，脱模时混凝土强度应不小于 15 MPa。

构件脱模后，存在不影响结构性能、钢筋、预埋件或者连接件锚固的局部破损和构件表面的非受力裂缝时，可用修补浆料进行表面修补后使用。

8. 预制叠合梁检验

装配式混凝土结构中的构件检验关系到主体的质量安全，应重视。

预制叠合梁的检验主要包含原材料检验、隐蔽工程检验、成品检验三部分。

预制叠合梁在出厂前应进行成品质量验收，其检查项目包括预制构件的外观质量、预制构件的外形尺寸、预制构件的钢筋、连接套筒、预埋件、预留孔洞，其检查方法和结果应符合现行国家标准的规定。

9. 预制叠合梁的标识

预制叠合梁验收合格后，应在明显部位进行喷码标记，标识构件型号、生产日期和质量验收合格标志。预制构件脱模后应在其表面醒目位置按构件设计制作图规定对每个构件编码。预制构件生产企业应按照有关标准规定或合同要求，对其供应的产品签发产品质量证明书，明确重要参数，有特殊要求的产品还应提供安装说明书。

单元四　小型构件的制作

一、预制楼梯制作

预制楼梯制作可用到的模具有立式模具和平面模具。构件生产企业应依据构件制作图进行预制构件的制作，并应根据预制构件型号、形状、重量等特点制订相应的工艺流程，明确质量要求和生产各阶段质量控制要点，编制完整的构件制作计划书，对预制构件生产全过程进行质量管理和计划管理。

1. 预制楼梯制作的工艺流程

制作准备→模具组装→脱模剂涂刷→钢筋绑扎→预埋件预埋→隐蔽工程验收→混凝土浇筑→脱模、起吊→表面处理→质检→构件成品标识入库。

2. 预制楼梯制作准备

预制构件模具除应满足承载力、刚度和整体稳定性要求外，还应满足预制构件质量、生产工艺、模具组装与拆卸、周转次数等要求；同时应满足预制构件预留孔洞、插筋、预埋件的安装定位要求。

3. 预制楼梯模具组装

预制楼梯按照组装顺序进行组装，模具初步固定后进行模具测量，做模具安装质量检查。内容包括检查构件截面尺寸，检查楼梯板厚度、长度、宽度尺寸，核实对角线尺寸。之后进行模具校正，保证楼梯板方正。模具最终固定后，在模具内侧涂刷脱模剂，脱模剂涂刷要均匀一致。

4. 预制楼梯钢筋绑扎

预制楼梯板钢筋和预埋件必须严格按照预制楼梯钢筋加工图及下料单要求制作。

预制楼梯板钢筋网片应满足构件设计图纸要求，宜采用专用钢筋定位件，钢筋网片尺寸应准确。保护层垫块宜采用塑料类垫块，且应与钢筋网片绑扎牢固；垫块按梅花状布置，间距应满足钢筋限位及控制变形的要求。预制楼梯板表面的预埋件、螺栓孔和预留孔洞应按构件模板图进行配置，应满足预制构件吊装、制作工况下的安全性、耐久性和稳定性。

5. 预制楼梯混凝土浇筑

在混凝土浇筑前应进行预制楼梯板的钢筋隐蔽工程检查，检查项目应包括下列内容：钢筋的牌号、规格、数量、位置、间距等；预埋件、吊环、插筋的规格、数量、位置等；预留孔洞的规格、数量、位置等；钢筋的混凝土保护层厚度；预埋管线、线盒的规格、数量、位置及固定措施。

按照生产计划混凝土用量搅拌混凝土，混凝土浇筑过程中注意对钢筋网片及埋件的保护，浇筑厚度使用专门的工具测量，严格控制，振捣后应当至少进行一次抹压。构件浇筑完成后采用拉毛收光机或人工进行一次收光抹面，收光抹面过程中应当检查外露的钢筋及预埋件，并按照要求调整。浇筑时，洒落的混凝土应当及时清理。浇筑过程中，应采用模台振动等措施进行充分有效振捣，避免出现漏振造成的蜂窝、麻面现象。浇筑时，按照试验室要求预留试块。

6. 预制楼梯的养护

混凝土养护可采用覆盖浇水和塑料薄膜覆盖的自然养护、化学保护膜养护和蒸汽养护方法。预制楼梯构件，宜采用蒸汽养护方法。

7. 预制楼梯脱模与表面修补

预制楼梯蒸汽养护后，蒸养库内外温差小于 20℃时方可进行拆模作业。预制楼梯拆模起吊时，应根据设计要求或具体生产条件确定所需的混凝土标准立方体抗压强度，脱模混凝土强度应不小于 15MPa。

8. 预制楼梯检验

装配式混凝土结构中的构件检验关系到主体的质量安全，应重视。

预制楼梯的检验主要包含原材料检验、隐蔽工程检验、成品检验三部分。

预制楼梯在出厂前应进行成品质量验收，其检查项目包括预制构件的外观质量、预制构件的外形尺寸、预制构件的钢筋预埋件、预留孔洞，其检查结果和方法应符合现行国家标准的规定。

图 1-16 预制楼梯

9. 预制楼梯的标识

预制楼梯验收合格后，应在明显部位喷印标记，标识构件型号、生产日期和质量验收合格标志。预制构件脱模后应在其表面醒目位置按构件设计制作图规定对每个构件编码，填写入库单后构件入库。预制构件生产企业应按照有关标准规定或合同要求，对其供应的产品签发产品质量证明书，明确重要参数，有特殊要求的产品还应提供安装说明书。如图 1-16 所示为预制楼梯。

二、预制外墙板、阳台板、空调板等小型构件制作

预制外墙板构件制作参照预制混凝土夹芯外墙板制作工艺，预制阳台板、空调板等小型构件制作参照预制钢筋桁架混凝土叠合楼板制作工艺。

拓展知识一　固定式 PC 构件工厂的规划建设

固定式 PC 构件工厂的预制方式是指固定式 PC 构件在远离建筑工地的固定式 PC 构件工厂中完成预制，然后运输至施工现场进行装配施工。因固定式 PC 构件工厂内采用先进的生产工艺和自动化流水线生产设备，可以有效降低成本，节约资源，同时减少污染，提升劳动生产效率和质量安全水平，符合当前行业发展趋势。一座固定式 PC 构件工厂，可生产预制内外墙板、预制叠合楼板、预制楼梯和预制阳台、空调板等复杂构件。

一、固定式PC构件工厂的总体规划

1. 规划设计的原则

（1）总平面设计必须执行国家的方针政策，按设计任务书进行。

（2）总平面设计必须以所在城市的总体规划、区域规划为依据，符合总体布局规划要求，如场地出入口位置，建筑体形、层数、高度，公建布置，绿化，环境等都应满足规划要求，与周围环境协调统一。同时，建设项目内的道路、管网应与市政道路、管网合理衔接，以满足生产、方便生活。

（3）总平面设计应结合地形、地质、水文、气象等自然条件，依山就势，因地制宜。

（4）建筑物之间的距离应满足生产、防火、日照、通风、抗震及管线布置等各方面要求。

（5）结合地形，合理地进行用地范围内的建筑物、构筑物、道路及其他工程设施之间的平面布置。

2. 建设场地要求

固定式 PC 构件工厂要选择合理占地面积，且长度方向上不小于 200m，场地内应具有满足生产和生活所需的水源、电源和蒸汽热源，场地周边应具有便利的交通运输条件。

3. 主要建设内容

（1）生产车间　生产车间主要包含墙板生产线车间、钢筋加工车间、叠合板生产车间、叠合梁及叠合柱生产车间等。生产车间长度、跨度、高度均要满足需求，占地面积 $20000m^2$ 以上。

（2）构件成品堆场　构件成品货场应紧靠生产车间，货场面积应不小于生产车间面积的 2 倍，货场宜设 LH10t 桥式起重机。

（3）办公及生活配套设施（如办公研发楼、宿舍餐饮楼）　固定式 PC 构件工厂宜设置单独的办公生活区域，建设综合办公楼、食堂、员工公寓、实验室、消防泵房等建筑。

（4）锅炉房、搅拌站等生产配套设施　固定式 PC 构件工厂宜配置一台 HLS120 搅拌站以满足生产车间的混凝土供应。根据现行环保要求，搅拌站宜设置在车间内部，布置于两跨构件生产线之间，利用直线型混凝土轨道车为生产区域供料。搅拌站砂石料场宜采用全封闭型式，料场占地面积要满足要求。

（5）园区综合管网　固定式 PC 构件工厂的建设应考虑到厂区内综合管网的建设，主要包含生产生活给水管道、污水排水管道、雨水排水管道、消防水管道，同时应根据工艺要求铺设相应的热力管道和电力管道。综合管网布置时应根据管线内介质和材料、交通运输、施工检修等因素，结合实际工艺要求，将管线布置在规划的管线通道内，并在满足生产、安全、检修的条件下节约用地。

（6）成品展示区。

4. PC 构件工厂的制造机械及设备

（1）制造设备　混凝土制造设备、钢筋加工组装设备、材料出入及保管设备、成型设备、加热养护设备、搬运设备、起重设备、测试设备。

（2）检查设备　检查场地、检查架台、检查场地起重机。

（3）储存及出厂设备　储存场地、储存架、储存及出厂用起重机。

（4）生产信息系统　图纸制作系统（CAD 系统）、生产管理系统（工程管理、质量管理、原材料管理、成本管理、劳务管理）。

5. PC 构件工厂设施布置

预制构件工厂设计的核心内容之一是厂内设施布置，即合理选择厂内设施（如混凝土搅拌、钢筋加工、预制、存放等生产设施，以及试验室、锅炉、配电室、生活区、办公室等辅助设施）的合理位置及关联方式，使得各种物资资源能以最高效率组合，更好地为产品服务。

二、预制构件生产工艺布置

流水生产组织是大批量生产的典型组织形式。在流水生产组织中，劳动对象按制订的工艺路线及生产节拍，连续不断，按顺序通过各个工位，最终形成产品。其特征是：工艺过程封闭，各工序时间基本相等或呈简单的倍数关系，生产节奏性强，过程连续性好。其优点在于能采用先进、高效的技术装备，能提高工人的操作熟练程度和效率，缩短生产周期；缺点是适应性差。

按流水生产要求设计和组织的生产线称为流水生产线，简称流水线。按生产节拍性质可分为强制节拍流水线和自由节拍流水线；按自动化程度可分为自动化流水线、机械化流水线和手工流水线；按加工对象移动方式可分为移动式流水线和固定式流水线；按加工对象品种可分为单品种流水线和多品种流水线。结合以上划分方式，在各类预制构件生产方面典型的流水生产类型包括以下几项。

1. 固定模台法

（1）传统预制构件多采用固定模台法。

（2）成组立模法也称电池组立模，通常用于内墙板构件的生产，具有节省空间、养护效果好、预制构件表面平整等优点；其缺点是受制于构件形状，通用性不强。

2. 流动模台法

目前，大多数的 PC 构件生产线采用流动模台法。该方式为多品种、柔性节拍、移动式的自动化生产线。

拓展知识二　预制构件的常用材料和配件

一、混凝土、钢筋和钢材

（1）混凝土、钢筋和钢材的力学性能指标和耐久性要求等应符合现行国家标准《混凝土结构设计规范》（GB 50010—2010）（2015 年版）和《钢结构设计标准》（GB 50017—2017）的规定。

（2）预制构件的混凝土强度等级不宜低于 C30；预应力混凝土预制构件的混凝土强度等级不宜低于 C40，且不应低于 C30；现浇混凝土的强度等级不应低于 C25。

（3）钢筋的选用应符合现行国家标准《混凝土结构设计规范》（GB 50010—2010）

（2015 年版）的规定。普通钢筋采用套筒灌浆连接和浆锚搭接连接时，钢筋应采用热轧带肋钢筋。

（4）钢筋焊接网应符合现行行业标准《钢筋焊接网混凝土结构技术规程》（JGJ 114—2014）的规定。

（5）预制构件的吊环应采用未经冷加工的 HPB300 级钢筋制作。吊装用内埋式螺母或吊杆的材料应符合国家现行相关标准的规定。

二、连接材料

（1）钢筋套筒灌浆连接接头采用的套筒应符合现行行业标准《钢筋连接用灌浆套筒》（JG/T 398—2019）的规定。

（2）钢筋套筒灌浆连接接头采用的灌浆料应符合现行行业标准《钢筋连接用套筒灌浆料》（JG/T 408—2019）的规定。

（3）钢筋浆锚搭接连接接头应采用水泥基灌浆料，灌浆料的性能应满足表 1-1 的要求。

（4）钢筋锚固板的材料应符合现行行业标准《钢筋锚固板应用技术规程》（JGJ 256—2011）的规定。

表 1-1　钢筋浆锚搭接连接接头用灌浆料性能要求

项目		性能指标	试验方法标准
泌水率 /%		0	《普通混凝土拌合物性能试验方法标准》（GB/T 50080—2016）
流动度 /mm	初始值	≥ 200	《水泥基灌浆料应用技术规范》（GB/T 50448—2015）
	30min 保留值	≥ 150	
竖向膨胀率 /%	3h	≥ 0.02	
	24h 与 3h 的膨胀率之差	0.02~0.5	
抗压强度 /MPa	1d	≥ 35	
	3d	≥ 55	
	28d	≥ 80	
氯离子含量 /%		≤0.06	《混凝土外加剂匀质性试验方法》（GB/T 8077—2012）

（5）受力预埋件的锚板及锚筋材料应符合现行国家标准《混凝土结构设计规范》（GB 50010—2010）（2015 年版）的有关规定。专用预埋件及连接件材料应符合国家现行有关标准的规定。

（6）连接用焊接材料，螺栓、锚栓和铆钉等紧固件的材料应符合国家现行标准《钢结构设计标准》（GB 50017—2017）、《钢结构焊接规范》（GB 50661—2011）和《钢筋焊接及验收规程》（JGJ 18—2012）等的规定。

（7）夹芯外墙板中内外叶墙板的拉结件应符合下列规定：

① 金属及非金属材料拉结件均应具有规定的承载力、变形和耐久性能，并应经过试验验证；

② 拉结件应满足夹芯外墙板的节能设计要求。

三、其他材料

（1）外墙板接缝处的密封材料应符合下列规定：

① 密封胶应与混凝土具有相容性以及规定的抗剪切和伸缩变形能力；密封胶尚应具有防霉、防水、防火、耐候等性能。

② 硅酮、聚氨酯、聚硫等建筑密封胶应分别符合国家现行标准《硅酮和改性硅酮建筑密

封胶》(GB/T 14683—2017)、《聚氨酯建筑密封胶》(JC/T 482—2003)、《聚硫建筑密封胶》(JC/T 483—2006)的规定。

③ 夹芯外墙板接缝处填充用保温材料的燃烧性能应满足国家标准《建筑材料及制品燃烧性能分级》(GB 8624—2012)中A级的要求。

(2)夹芯外墙板中的保温材料，其热导率不宜大于0.040W/(m·K)，体积比吸水率不宜大于0.3%，燃烧性能不应低于国家标准《建筑材料及制品燃烧性能分级》(GB 8624—2012)中B2级的要求。

(3)装配式建筑采用的室内装修材料应符合现行国家标准《民用建筑工程室内环境污染控制标准》(GB 50325—2020)和《建筑内部装修设计防火规范》(GB 50222—2017)的有关规定。

1-4 保温材料简介

1-5 预埋件与主要配件

拓展知识三　PC构件的深化设计

随着建筑行业快速发展，为了提高建筑的质量、缩短施工周期、降低人工成本、节约资源和能源等，应积极推动预制装配式建筑的发展和应用，因此在设计阶段就应增加对PC构件的深化设计。

一、PC构件深化设计阶段

1. 技术策划阶段

对于预制装配式建筑，技术策划有着不可替代的重要作用，相关设计单位要仔细了解建筑项目的外部条件、产业化目标、建设规模以及项目定位等内容，提高预制构件的规范化、标准化程度，加强和建设单位的沟通交流，最终确定合适的技术实施方案，为预制装配式建筑设计提供参考和依据。

2. 方案设计阶段

结合预制装配式建筑的技术策划，优化立面设计和平面设计，在确保预制装配式建筑正常使用性能的基础上，坚持“少规格、多组合”的预制构件设计原则，实现预制装配式建筑设计的系统化和标准化。立面设计时应重点分析各种结构构件生产制造的可行性，结合预制装配式建筑建造特点和方式，设计多样化和个性化的立面。

3. 总体设计阶段

根据不同专业的技术要点协同设计，同时考虑管线和设备的预埋预留位置，结合对建设项目施工成本、施工进度和施工质量等因素的考量，采取科学有效的技术措施，最终确定预制构件的布置方案。

在预制构件布置时，应坚持“模数化、标准化”的原则，减少预制构件的类型，确保构件的精确化和标准化，降低工程造价。对于预制装配式建筑中的降板、异形、开洞多的部位，可以采用现浇施工方式。

4. 施工图设计阶段

根据总体设计阶段的技术措施，优化预制构件连接节点的隔声、防火和防水设计，考虑不同专业设备设施、内装部品等参数，完善预制装配式建筑施工图。

5. 拆分设计阶段

预制构件加工厂和设计单位要加强沟通交流，共同配合设计预制构件加工图，建筑单位可以结合实际的建筑项目需求，向设计单位提供预制构件的类型和尺寸。除了精确定位机电管线和预制构件门窗洞口以外，还应注意预制构件的生产运输过程，考虑到预制装配式建筑施工现场各种固定和临时设施安装孔、吊钩的预埋预留。

6. 预制构件节点优化

预制装配式建筑结构设计的关键在于优化构造节点设计。例如：对于框架梁柱节点的设计，应充分考虑预制构件吊装顺序及重视梁柱节点钢筋的避让检查，优化现场施工速度；对于剪力墙等竖向构件连接节点，要结合设计意图，优化连接钢筋排布，保证接缝位置受力的连续性及合理性。

二、预制构件深化设计质量控制要点

（1）方案设计阶段：要注意各专业的协调配合，把装配式设计因素考虑进来。

（2）拆分设计阶段：标准化、模数化、模块化、轻型化、少规格，多组合。避免出现用传统施工图纸“硬性”拆分的情况。

（3）构件深化设计阶段：精装修图纸要在深化设计之前就完成。

（4）构件深化设计图纸要考虑水电的集成，进行精细化设计。

（5）建筑外立面线条宜简单规整，以减小预制构件模具加工难度，降低成本。

（6）减小现浇量，增加装配率。

三、楼盖深化设计

（1）装配整体式混凝土结构的楼盖宜采用叠合楼盖，叠合板设计应符合现行国家标准《混凝土结构设计规范》（GB 50010—2010）（2015 年版）的有关规定。

（2）高层装配整体式混凝土结构中，楼盖应符合下列规定：

① 结构转换层和作为上部结构嵌固部位的楼层宜采用现浇楼盖。

② 屋面层和平面受力复杂的楼层宜采用现浇楼盖，当采用叠合楼盖时，楼板的后浇混凝土叠合层厚度不应小于 100mm，后浇层内应采用双向通长配筋，钢筋直径不宜小于 8mm，间距不宜大于 200mm。

（3）当桁架钢筋混凝土叠合板的后浇混凝土叠合层厚度不小于 100mm 且不小于预制板厚度的 1.5 倍时，支承端预制板内纵向受力钢筋可采用间接搭接方式锚入支承梁或墙的后浇混凝土中（图 1-17），并应符合下列规定：

① 附加钢筋的面积应通过计算确定，且不应少于受力方向跨中板底钢筋面积的 1/3。

② 附加钢筋直径不宜小于 8mm，间距不宜大于 250mm。

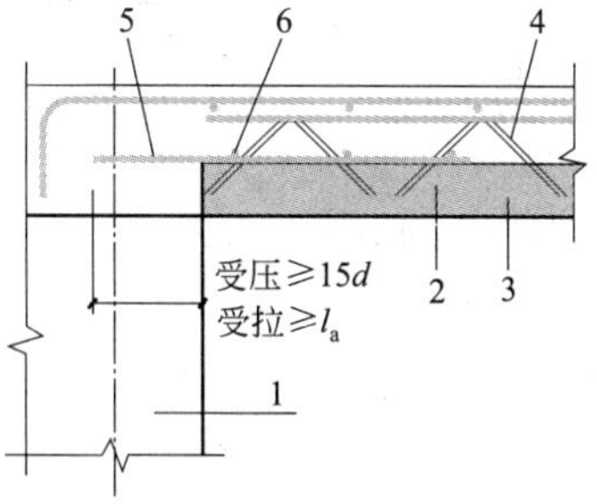

图 1-17　桁架钢筋混凝土叠合板板端构造示意

1—支承梁或墙；2—预制板；3—板底钢筋；4—桁架钢筋；5—附加钢筋；6—横向分布钢筋

③ 当附加钢筋为构造钢筋时，伸入楼板的长度不应小于与板底钢筋的受压搭接长度，伸入支座的长度不应小于 15d（d 为附加钢筋直径）且宜伸过支座中心线；当附加钢筋承受拉力时，伸入楼板的长度不应小于与板底钢筋的受拉搭接长度，伸入支座的长度不应小于受拉钢筋锚固长度。

④ 垂直于附加钢筋的方向应布置横向分布钢筋，在搭接范围内不宜少于 3 根，且钢筋直径不宜小于 6mm，间距不宜大于 250mm。

（4）双向叠合板板侧的整体式接缝（图 1-18）宜设置在叠合板的次要受力方向且宜避

开最大弯矩截面。接缝可采用后浇带形式，并应符合下列规定：

① 后浇带宽度不宜小于 200mm。

② 后浇带两侧板底纵向受力钢筋可在后浇带中焊接、搭接、弯折锚固、机械连接。

③ 当后浇带两侧板底纵向受力钢筋在后浇带中搭接连接时，应符合下列规定。

a. 预制板板底外伸钢筋为直线形［图 1-18（a）］时，钢筋搭接长度应符合现行国家标准《混凝土结构设计规范》（GB 50010—2010）（2015 年版）的有关规定。

b. 预制板板底外伸钢筋端部为 90° 或 135° 弯钩［图 1-18（b）、（c）］时，钢筋搭接长度应符合现行国家标准《混凝土结构设计规范》（GB 50010—2010）（2015 年版）有关钢筋锚固长度的规定，90° 和 135° 弯钩钢筋弯后直段长度分别为 $12d$ 和 $5d$（d 为钢筋直径）。

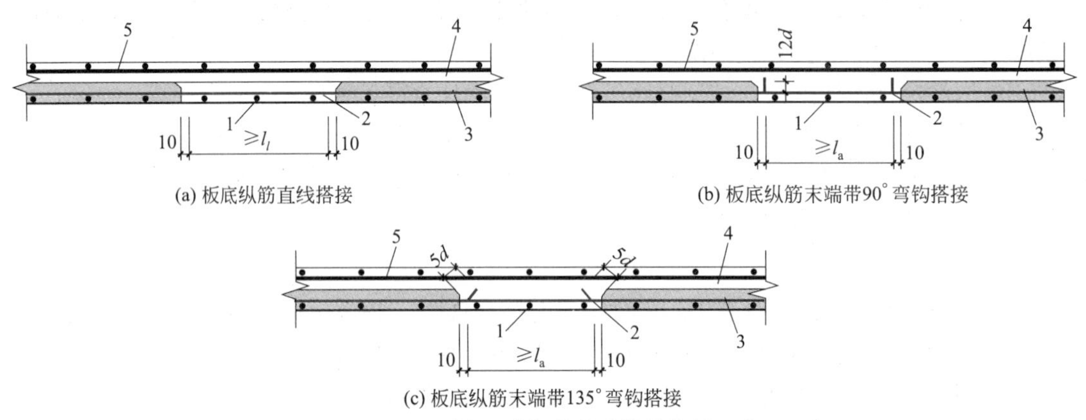

图 1-18 双向叠合板整体式接缝构造示意

1—通长钢筋；2—纵向受力钢筋；3—预制板；4—后浇混凝土叠合层；5—后浇层内钢筋

④ 当有可靠依据时，后浇带内的钢筋也可采用其他连接方式。

（5）次梁与主梁宜采用铰接连接，也可采用刚接连接。当采用刚接连接并采用后浇段连接的形式时，应符合现行行业标准《装配式混凝土结构技术规程》（JGJ 1—2014）的有关规定。当采用铰接连接时，可采用企口连接或钢企口连接形式。采用企口连接时，应符合国家现行标准的有关规定，当次梁不直接承受动力荷载且跨度不大于 9m 时，可采用钢企口连接（图 1-19），并应符合下列规定。

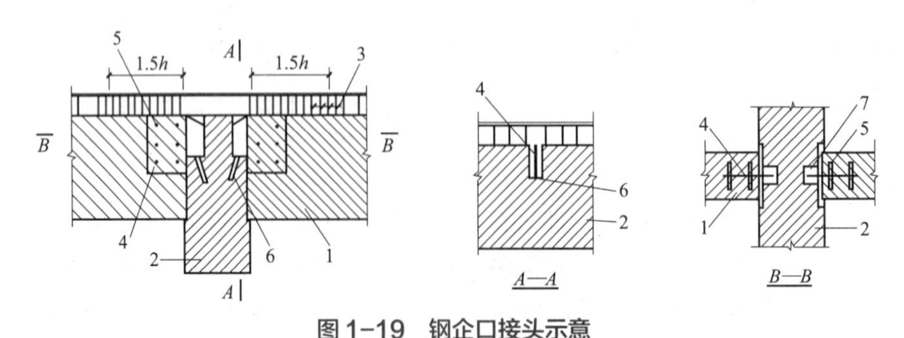

图 1-19 钢企口接头示意

1—预制次梁；2—预制主梁；3—次梁端部加密箍筋；4—钢板；5—栓钉；6—预埋件；7—灌浆料

① 钢企口两侧应对称布置抗剪栓钉，钢板厚度不应小于栓钉直径的 0.6 倍；预制主梁与钢企口连接处应设置预埋件；次梁端部 1.5 倍梁高范围内，箍筋间距不应大于 100mm。

② 钢企口（图 1-20）接头的承载力验算，除应符合现行国家标准《混凝土结构设计规

范》(GB 50010—2010)(2015年版)、《钢结构设计标准》(GB 50017—2017)的有关规定外，尚应符合下列规定：

a.钢企口接头应能够承受施工及使用阶段的荷载；

b.应验算钢企口截面 *A* 处在施工及使用阶段的抗弯、抗剪强度；

c.应验算钢企口截面 *B* 处在施工及使用阶段的抗弯强度；

d.凹槽内灌浆料未达到设计强度前，应验算钢企口外挑部分的稳定性；

e.应验算栓钉的抗剪强度；

f.应验算钢企口搁置处的局部受压承载力。

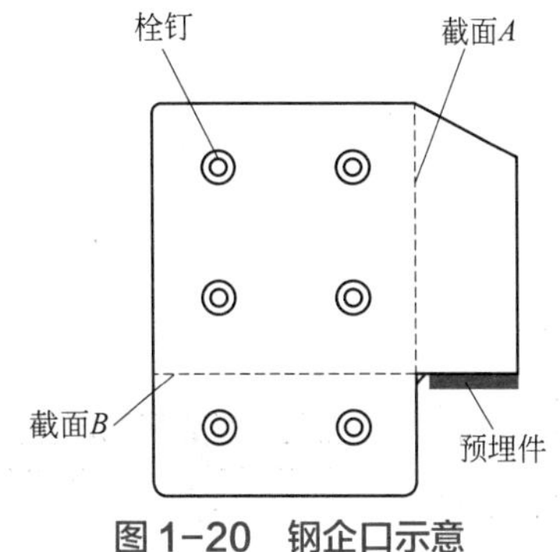

图1-20 钢企口示意

③ 抗剪栓钉的布置，应符合下列规定：

a.栓钉杆直径不宜大于19mm，单侧抗剪栓钉排数及列数均不应小于2；

b.栓钉间距不应小于杆径的6倍且不宜大于300mm；

c.栓钉至钢板边缘的距离不宜小于50mm，至混凝土构件边缘的距离不应小于200mm；

d.栓钉钉头内表面至连接钢板的净距不宜小于30mm；

e.栓钉顶面的保护层厚度不应小于25mm。

④ 主梁与钢企口连接处应设置附加横向钢筋，相关计算及构造要求应符合现行国家标准《混凝土结构设计规范》(GB 50010—2010)(2015年版)的有关规定。

四、装配整体式框架结构设计

(1)装配整体式框架梁柱节点核心区抗震受剪承载力验算结果和构造应符合现行国家标准《混凝土结构设计规范》(GB 50010—2010)(2015年版)和《建筑抗震设计规范》(GB 50011—2010)(2016年版)中的有关规定；混凝土叠合梁端竖向接缝受剪承载力设计值和预制柱底水平接缝受剪承载力设计值应符合现行行业标准《装配式混凝土结构技术规程》(JGJ 1—2014)中的有关规定。

(2)叠合梁的箍筋配置应符合下列规定：

① 抗震等级为一、二级的叠合框架梁的梁端箍筋加密区宜采用整体封闭箍筋；当叠合梁受扭时宜采用整体封闭箍筋，且整体封闭箍筋的搭接部分宜设置在预制部分[图1-21(a)]。

② 当采用组合封闭箍筋[图1-21(b)]时，开口箍筋上方两端应做成135°弯钩，框架梁弯钩平直段长度不应小于10*d*(*d*为箍筋直径)，次梁弯钩平直段长度不应小于5*d*。现场应采用箍筋帽封闭开口箍，箍筋帽两端宜做成135°弯钩，也可做成一端135°另一端90°弯钩，但135°弯钩和90°弯钩应沿纵向受力钢筋方向交错设置，框架梁弯钩平直段长度不应小于10*d*，次梁135°弯钩平直段长度不应小于5*d*，90°弯钩平直段长度不应小于10*d*。

③ 框架梁箍筋加密区长度内的箍筋肢距：一级抗震等级，不宜大于200mm和20倍箍筋直径的较大值，且不应大于300mm；二、三级抗震等级，不宜大于250mm和20倍箍筋直径的较大值，且不应大于350mm；四级抗震等级，不宜大于300mm，且不应大于400mm。

(3)预制柱的设计应满足现行国家标准《混凝土结构设计规范》(GB 50010—2010)(2015年版)的要求，并应符合下列规定：

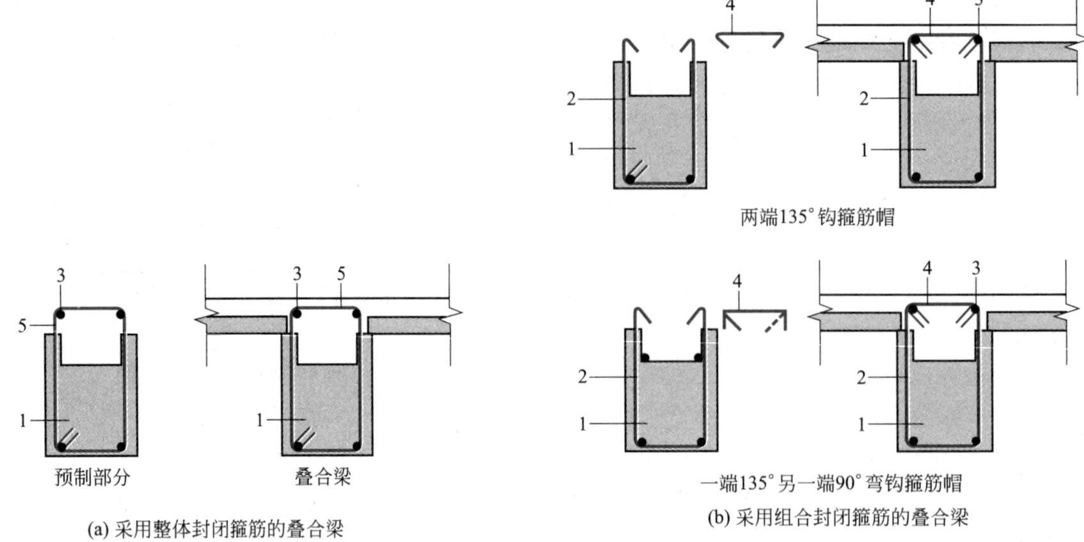

图 1-21　叠合梁箍筋构造示意

1—预制梁；2—开口箍筋；3—上部纵向钢筋；4—箍筋帽；5—封闭箍筋

① 矩形柱截面边长不宜小于 400mm，圆形截面柱直径不宜小于 450mm，且不宜小于同方向梁宽的 1.5 倍。

② 柱纵向受力钢筋在柱底连接时，柱箍筋加密区长度不应小于纵向受力钢筋连接区域长度与 500mm 之和；当采用套筒灌浆连接或浆锚搭接连接等方式时，套筒或搭接段上端第一道箍筋距离套筒或搭接段顶部不应大于 50mm，图 1-22 为柱底箍筋加密区域构造示意。

③ 柱纵向受力钢筋直径不宜小于 20mm，纵向受力钢筋的间距不宜大于 200mm 且不应大于 400mm。柱的纵向受力钢筋可集中于四角配置且宜对称布置。柱中可设置纵向辅助钢筋且直径不宜小于 12mm 和箍筋直径；当正截面承载力计算不计入纵向辅助钢筋时，纵向辅助钢筋可不伸入框架节点，图 1-23 为柱集中配筋构造平面示意。

④ 预制柱箍筋可采用连续复合箍筋。

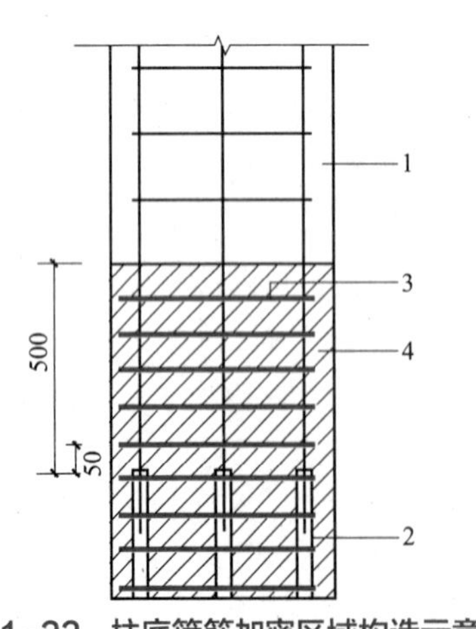

图 1-22　柱底箍筋加密区域构造示意

1—预制柱；2—连接接头（或钢筋连接区域）；3—加密区箍筋；4—箍筋加密区（阴影区域）

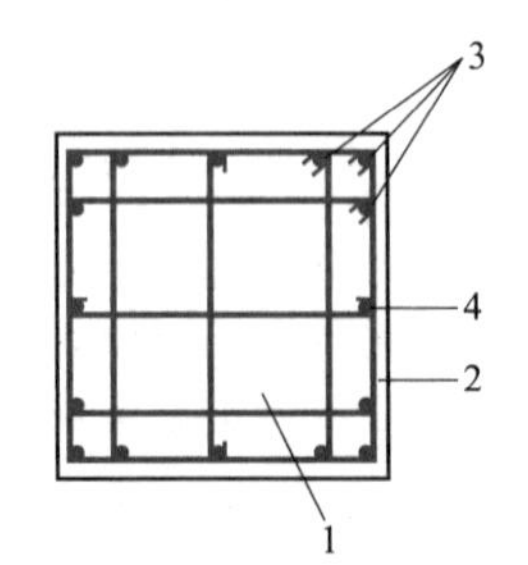

图 1-23　柱集中配筋构造平面示意

1—预制柱；2—箍筋；3—纵向受力钢筋；4—纵向辅助钢筋

（4）上、下层相邻预制柱纵向受力钢筋采用挤压套筒连接时，柱底后浇段的箍筋配置

（图 1-24）应满足下列要求：

① 套筒上端第一道箍筋距离套筒顶部不应大于 20mm，柱底部第一道箍筋距柱底面不应大于 50mm，箍筋间距不宜大于 75mm；

② 抗震等级为一、二级时，箍筋直径不应小于 10mm，抗震等级为三、四级时，箍筋直径不应小于 8mm。

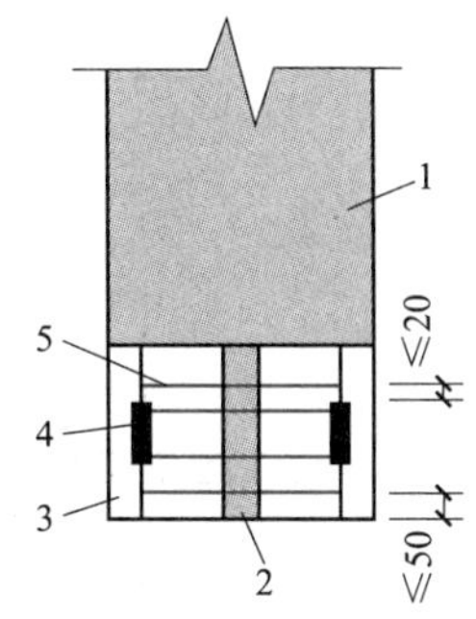

图 1-24　柱底后浇段箍筋配置示意

1—预制柱；2—支腿；3—柱底后浇段；4—挤压套筒；5—箍筋

（5）采用预制柱及叠合梁的装配整体式框架节点，梁纵向受力钢筋应伸入后浇节点区内锚固或连接，并应符合下列规定：

① 框架梁预制部分的腰筋不承受扭矩时，可不伸入梁柱节点核心区。

② 对框架中间层中节点，节点两侧的梁下部纵向受力钢筋宜锚固在后浇节点核心区内［图 1-25（a）］，也可采用机械连接或焊接的方式连接［图 1-25（b）］；梁的上部纵向受力钢筋应贯穿后浇节点核心区。

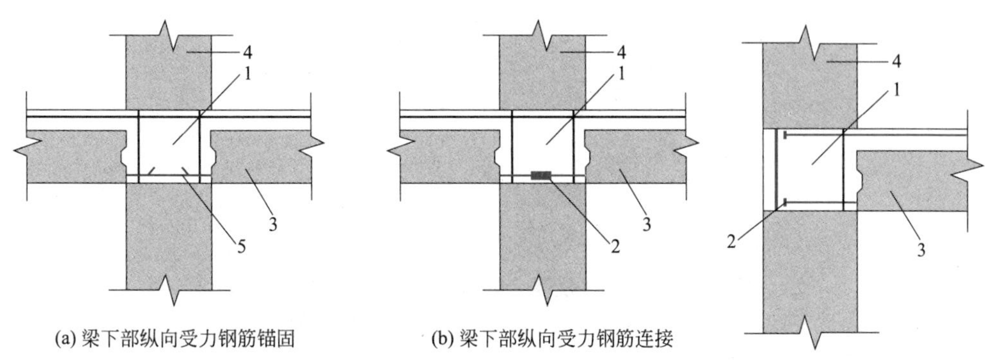

(a) 梁下部纵向受力钢筋锚固　(b) 梁下部纵向受力钢筋连接

图 1-25　预制柱及叠合梁框架中间层节点构造示意

1—后浇区；2—梁下部纵向受力钢筋连接；3—预制梁；4—预制柱；5—梁下部纵向受力钢筋锚固

图 1-26　预制柱及叠合梁框架中间层端节点构造示意

1—后浇区；2—梁纵向钢筋锚固；3—预制梁；4—预制柱

③ 对框架中间层端节点，当柱截面尺寸不满足梁纵向受力钢筋的直线锚固要求时，宜采用锚固板锚固（图 1-26），也可采用 90° 弯折锚固。

④ 对框架顶层中节点，梁纵向受力钢筋的构造应符合上述②规定。柱纵向受力钢筋宜采用直线锚固；当梁截面尺寸不满足直线锚固要求时，宜采用锚固板锚固（图 1-27）。

⑤ 对框架顶层端节点，柱宜伸出屋面并将柱纵向受力钢筋锚固在伸出段内（图 1-28），柱纵向受力钢筋宜采用锚固板的锚固方式，此时锚固长度不应小于 $0.6l_{abE}$。伸出段内箍筋直径不应小于 $d/4$（d 为柱纵向受力钢筋的最大直径），伸出段内箍筋间距不应大于 $5d$（d 为柱纵向受力钢筋的最小直径）且不应大于 100mm；梁纵向受力钢筋应锚固在后浇节点区内，且宜采用锚固板的锚固方式，此时锚固长度不应小于 $0.6l_{abE}$。

（6）采用预制柱及叠合梁的装配整体式框架结构节点，两侧叠合梁底部水平钢筋挤压套筒连接时，可在核心区外一侧梁端后浇段内连接（图 1-29），也可在核心区外两侧梁端后浇段内连接（图 1-30），连接接头距柱边不小于 $0.5h_b$（h_b 为叠合梁截面高度）且不小于 300mm，叠合梁后浇叠合层顶部的水平钢筋应贯穿后浇核心区。梁端后浇段的箍筋尚应满足下列要求：

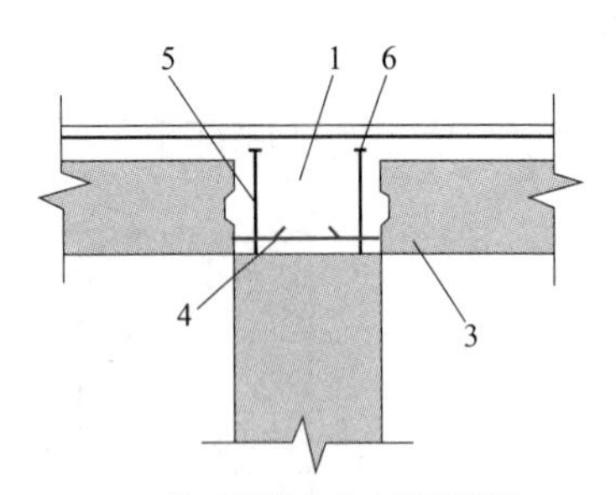

(a) 梁下部纵向受力钢筋锚固

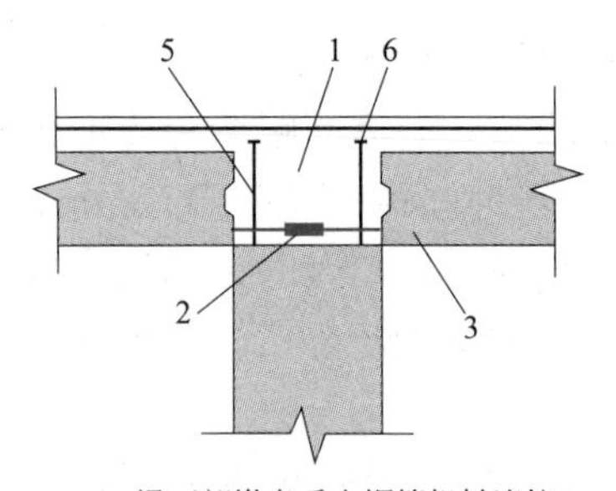

(b) 梁下部纵向受力钢筋机械连接

图 1-27 预制柱及叠合梁框架顶层中节点构造示意

1—后浇区；2—梁下部纵向受力钢筋连接；3—预制梁；4—梁下部纵向受力钢筋锚固；5—柱纵向受力钢筋；6—锚固板

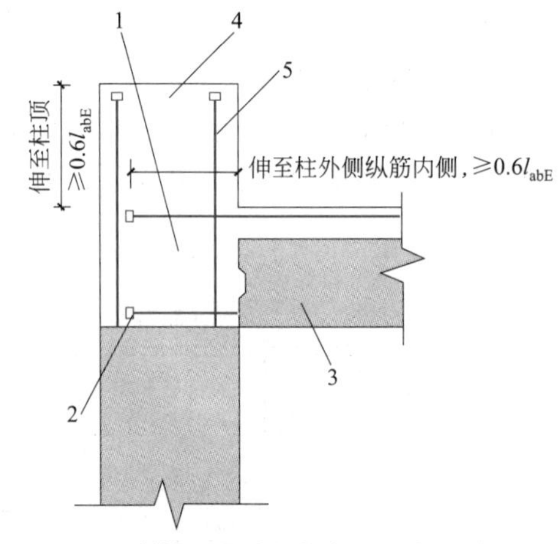

图 1-28 预制柱及叠合梁框架顶层端节点构造示意

1—后浇段；2—梁下部纵向受力钢筋锚固；3—预制梁；4—柱延伸段；5—柱纵向受力钢筋

① 箍筋间距不宜大于 75mm；

② 抗震等级为一、二级时，箍筋直径不应小于 10mm，抗震等级为三、四级时，箍筋直径不应小于 8mm。

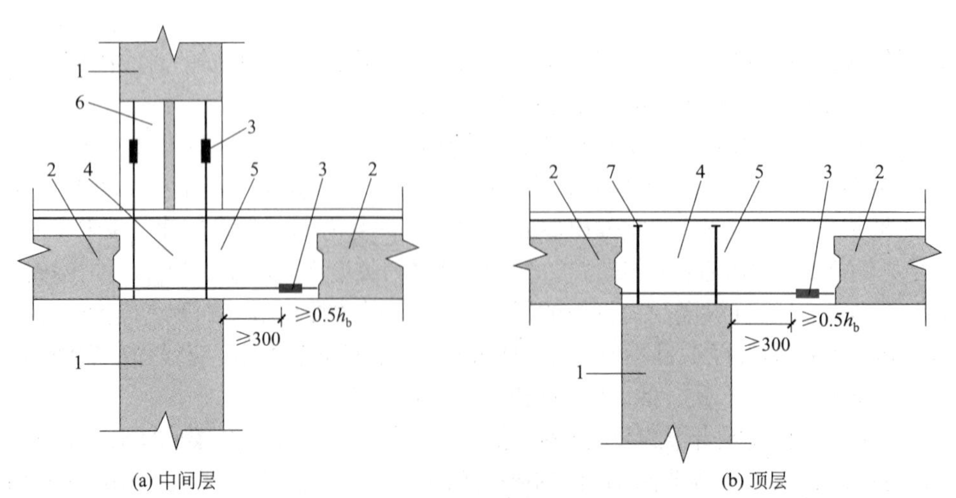

图 1-29 框架节点叠合梁底部水平钢筋在一侧梁端后浇段内采用挤压套筒连接示意

1—预制柱；2—叠合梁预制部分；3—挤压套筒；4—后浇区；5—梁端后浇段；6—柱底后浇段；7—锚固板

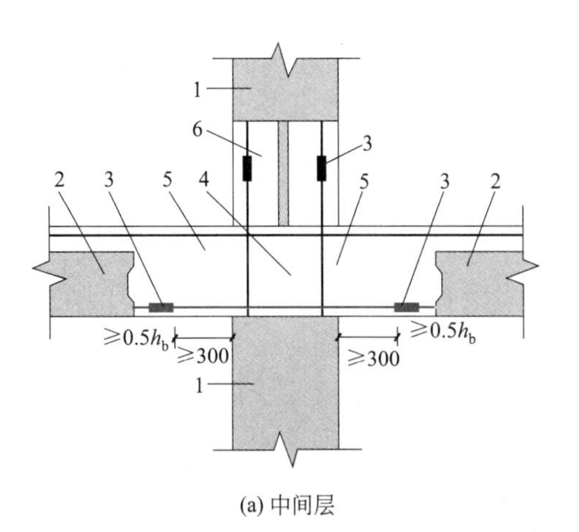

(a) 中间层

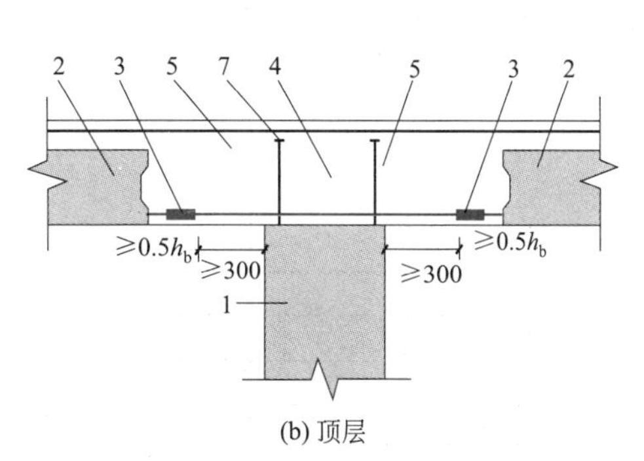

(b) 顶层

图 1-30 框架节点叠合梁底部水平钢筋在两侧梁端后浇区内采用挤压套筒连接示意

1—预制柱；2—叠合梁预制部分；3—挤压套筒；4—后浇区；5—梁端后浇段；6—柱底后浇段；7—锚固板

（7）装配整体式框架采用后张预应力叠合梁时，应符合现行行业标准《预应力混凝土结构设计规范》（JGJ 369—2016）、《预应力混凝土结构抗震设计标准》（JGJ/T 140—2019）及《无粘结预应力混凝土结构技术规程》（JGJ 92—2016）的有关规定。

五、装配整体式剪力墙结构设计

（1）装配整体式剪力墙结构应符合国家现行标准《混凝土结构设计规范》（GB 50010—2010）（2015 年版）、《建筑抗震设计规范》（GB 50011—2010）（2016 年版）、《装配式混凝土结构技术规程》（JGJ 1—2014）和《高层建筑混凝土结构技术规程》（JGJ 3—2010）的有关规定。

（2）装配整体式剪力墙结构的布置应满足下列要求：

① 应沿两个方向布置剪力墙。

② 剪力墙平面布置宜简单、规则，宜自下而上连续布置，避免层间侧向刚度突变。

③ 剪力墙门窗洞口宜上下对齐、成列布置，形成明确的墙肢和连梁；抗震等级为一、二、三级的剪力墙底部加强部位不应采用错洞墙，结构全高均不应采用叠合错洞墙。

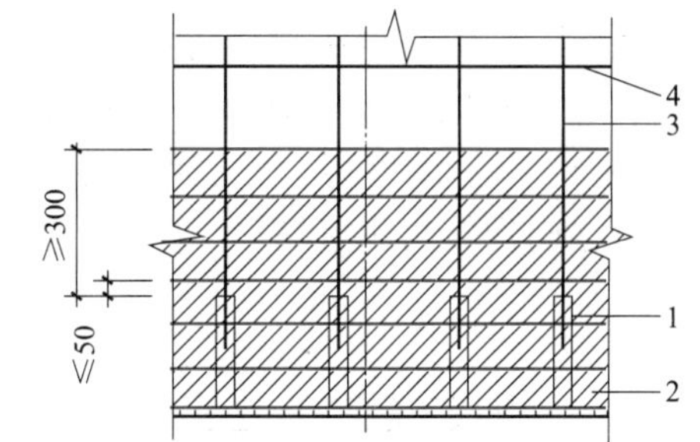

图 1-31 钢筋套筒灌浆连接部位水平分布钢筋加密构造示意

1—灌浆套筒；2—水平分布钢筋加密区域（阴影区域）；3—竖向钢筋；4—水平分布钢筋

（3）预制剪力墙竖向钢筋采用套筒灌浆连接时，自套筒底部至套筒顶部并向上延伸 300mm 范围内，预制剪力墙的水平分布钢筋应加密（图 1-31），加密区水平分布钢筋的最大间距及最小直径应符合表 1-2 的规定，套筒上端第一道水平分布钢筋距离套筒顶部不应大于 50mm。

表 1-2 加密区水平分布钢筋的要求

抗震等级	最大间距/mm	最小直径/mm
一、二级	100	8
三、四级	150	8

（4）预制剪力墙竖向钢筋采用浆锚搭接连接时，应符合下列规定。

① 墙体底部预留灌浆孔道直线段长度应大于下层预制剪力墙连接钢筋伸入孔道内的长度30mm，孔道上部应根据灌浆要求设置合理弧度。孔道直径不宜小于40mm和2.5d（d为伸入孔道的连接钢筋直径）的较大值，孔道之间的水平净间距不宜小于50mm；孔道外壁至剪力墙外表面的净间距不宜小于30mm。当采用其他成孔方式时，应对不同预留成孔工艺、孔道形状、孔道内壁的粗糙度或花纹深度及间距等形成的连接接头进行力学性能以及适用性的试验验证。

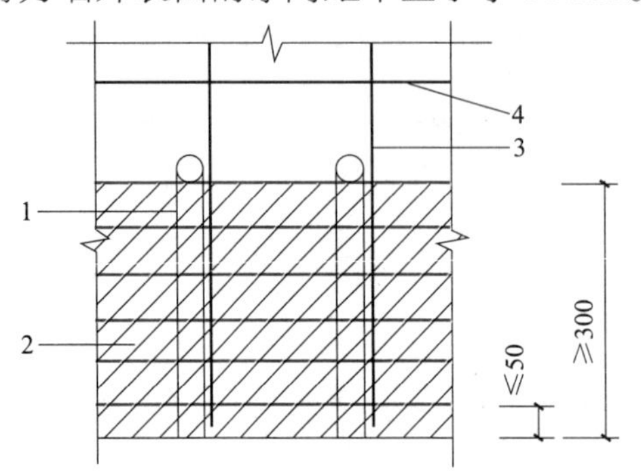

图1-32 钢筋浆锚搭接连接部位水平分布钢筋加密构造示意

1—预留灌浆孔道；2—水平分布钢筋加密区域（阴影区域）；3—竖向钢筋；4—水平分布钢筋

② 竖向钢筋连接长度范围内的水平分布钢筋应加密，加密范围自剪力墙底部至预留灌浆孔道顶部（图1-32），且不应小于300mm。加密区水平分布钢筋的最大间距及最小直径应符合表1-2的规定，最下层水平分布钢筋距离墙身底部不应大于50mm。剪力墙竖向分布钢筋连接长度范围内未采取有效横向约束措施时，水平分布钢筋加密范围内的拉筋应加密；拉筋沿竖向的间距不宜大于300mm且不少于2排；拉筋沿水平方向的间距不宜大于竖向分布钢筋间距，直径不应小于6mm；拉筋应紧靠被连接钢筋，并钩住最外层分布钢筋。

③ 边缘构件竖向钢筋连接长度范围内应采取加密水平封闭箍筋的横向约束措施（图1-33）或其他可靠措施。当采用加密水平封闭箍筋约束时，应沿预留孔道直线段全高加密。箍筋沿竖向的间距，一级抗震等级不应大于75mm，二、三级抗震等级不应大于100mm，四级抗震等级不应大于150mm；箍筋沿水平方向的肢距不应大于竖向钢筋间距，且不宜大于200mm；箍筋直径一、二级抗震等级不应小于10mm，三、四级抗震等级不应小于8mm，宜采用焊接封闭箍筋。

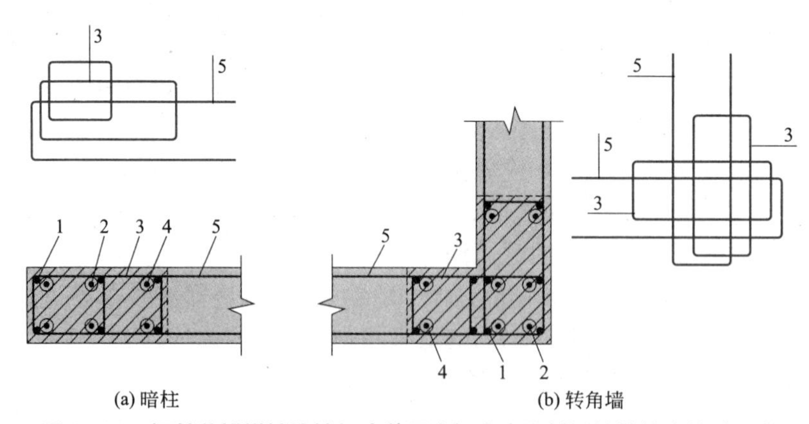

图1-33 钢筋浆锚搭接连接长度范围内加密水平封闭箍筋约束构造示意

1—上层预制剪力墙边缘构件竖向钢筋；2—下层剪力墙边缘构件竖向钢筋；3—封闭箍筋；4—预留灌浆孔道；5—水平分布钢筋

（5）楼层内相邻预制剪力墙之间应采用整体式接缝连接，且应符合下列规定。

① 当接缝位于纵横墙交接处的约束边缘构件区域时，约束边缘构件的阴影区域（图1-34）宜全部采用后浇混凝土，并应在后浇段内设置封闭箍筋。

② 当接缝位于纵横墙交接处的构造边缘构件区域时，构造边缘构件宜全部采用后浇混凝土（图 1-35）。当仅在一面墙上设置后浇段时，后浇段的长度不宜小于 300mm（图 1-36）。

③ 边缘构件内的配筋及构造要求应符合现行国家标准《建筑抗震设计规范》（GB 50011—2010）（2016 年版）的有关规定；预制剪力墙的水平分布钢筋在后浇段内的锚固、连接应符合现行国家标准《混凝土结构设计规范》（GB 50010—2010）（2015 年版）的有关规定。

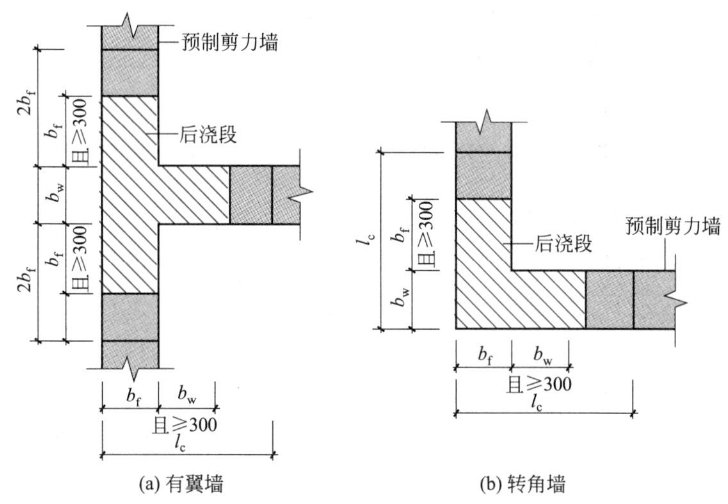

图 1-34　约束边缘构件阴影区域全部后浇构造示意（阴影区域为斜线填充范围）

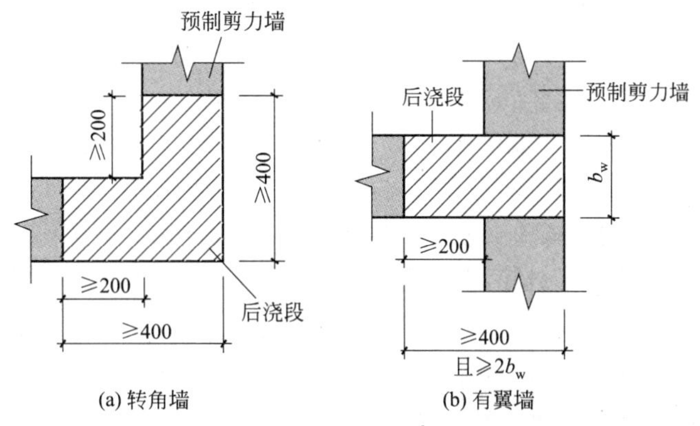

图 1-35　构造边缘构件全部后浇构造示意（阴影区域为构造边缘构件范围）

④ 非边缘构件位置，相邻预制剪力墙之间应设置后浇段，后浇段的宽度不应小于墙厚且不宜小于 200mm；后浇段内应设置不少于 4 根竖向钢筋，钢筋直径不应小于墙体竖向分布钢筋直径且不应小于 8mm；两侧墙体的水平分布钢筋在后浇段内的连接应符合现行国家标准《混凝土结构设计规范》（GB 50010—2010）（2015 年版）的有关规定。

（6）当采用套筒灌浆连接或浆锚搭接连接时，预制剪力墙底部接缝宜设置在楼面标高处。接缝高度不宜小于 20mm，宜采用灌浆料填实，接缝处后浇混凝土上表面应处理为粗糙面。

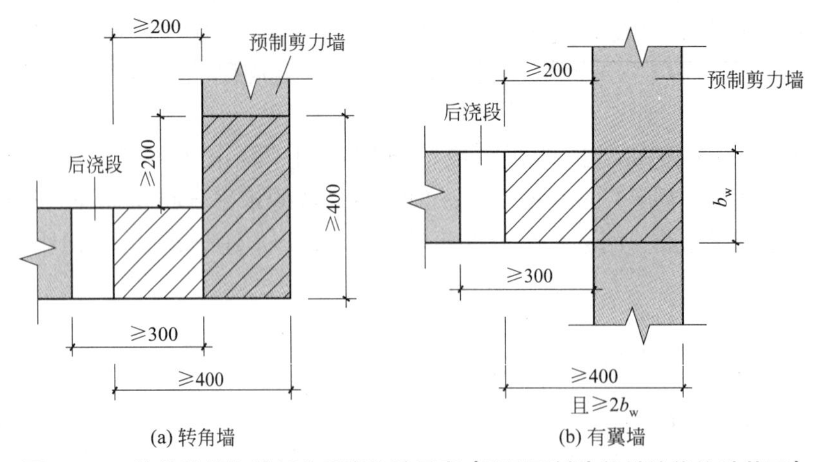

图 1-36 构造边缘构件部分后浇构造示意（阴影区域为构造边缘构件范围）

（7）上下层预制剪力墙的竖向钢筋连接应符合下列规定：

① 边缘构件的竖向钢筋应逐根连接。

② 预制剪力墙的竖向分布钢筋宜采用双排连接，当采用“梅花形”部分连接时，应符合相关的规定。

③ 除抗震等级为一级的剪力墙，轴压比大于 0.3 的抗震等级为二、三、四级的剪力墙，一侧无楼板的剪力墙，一字形剪力墙、一端有翼墙连接但剪力墙非边缘构件区长度大于 3m 的剪力墙以及两端有翼墙连接但剪力墙非边缘构件区长度大于 6m 的剪力墙外，墙体厚度不大于 200mm 的丙类建筑预制剪力墙的竖向分布钢筋可采用单排连接。采用单排连接时，应符合相关的规定，且在计算分析时不应考虑剪力墙平面外刚度及承载力。

④ 抗震等级为一级的剪力墙以及二、三级底部加强部位的剪力墙，剪力墙的边缘构件竖向钢筋宜采用套筒灌浆连接。

（8）当上下层预制剪力墙竖向钢筋采用套筒灌浆连接时，应符合下列规定：

① 当竖向分布钢筋采用“梅花形”部分连接时（图 1-37），连接钢筋的配筋率不应小于现行国家标准《建筑抗震设计规范》（GB 50011—2010）（2016 年版）规定的剪力墙竖向分布钢筋最小配筋率要求，连接钢筋的直径不应小于 12mm，同侧间距不应大于 600mm，且在剪力墙构件承载力设计和分布钢筋配筋率计算中不得计入未连接的分布钢筋，未连接的竖向分布钢筋直径不应小于 6mm。

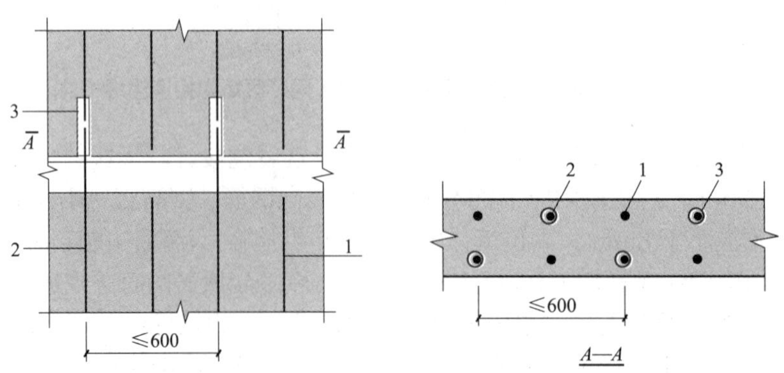

图 1-37 竖向分布钢筋“梅花形”套筒灌浆连接构造示意

1—未连接的竖向分布钢筋；2—连接的竖向分布钢筋；3—灌浆套筒

② 当竖向分布钢筋采用单排连接时（图 1-38），应符合相关标准的规定。剪力墙两侧竖向分布钢筋与配置于墙体厚度中部的连接钢筋搭接连接，连接钢筋位于内、外侧被连接钢筋的中间。连接钢筋受拉承载力不应小于上下层被连接钢筋受拉承载力较大值的 1。1 倍，间距不宜大于 300mm。下层剪力墙连接钢筋自下层预制墙顶算起的埋置长度不应小于 $1.2l_{aE}+b_w/2$（b_w 为墙体厚度），上层剪力墙连接钢筋自套筒顶面算起的埋置长度不应小于 l_{aE}，上层连接钢筋顶部至套筒底部的长度不应小于 $1.2l_{aE}+b_w/2$，l_{aE} 按连接钢筋直径计算。钢筋连接长度范围内应配置拉筋，同一连接接头内的拉筋配筋面积不应小于连接钢筋的面积；拉筋沿竖向的间距不应大于水平分布钢筋间距，且不宜大于 150mm；拉筋沿水平方向的间距不应大于竖向分布钢筋间距，直径不应小于 6mm；拉筋应紧靠连接钢筋，并钩住最外层分布钢筋。

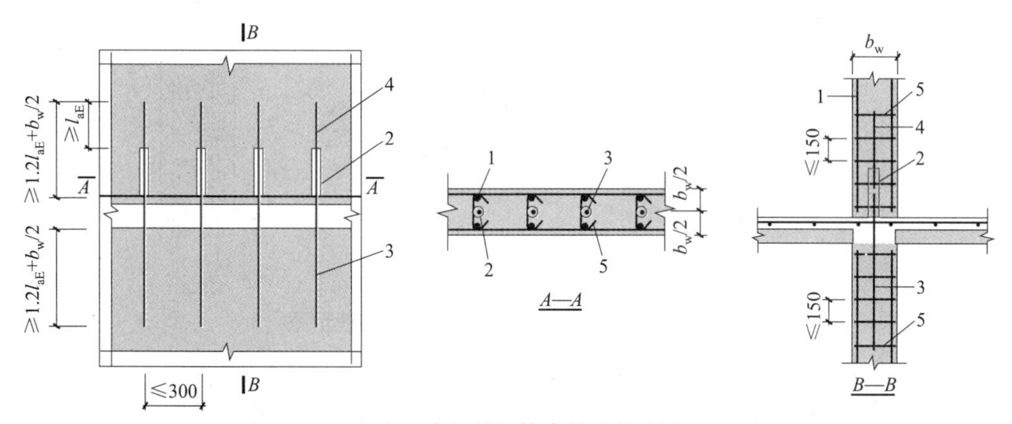

图 1-38　竖向分布钢筋单排套筒灌浆连接构造示意

1—上层预制剪力墙竖向分布钢筋；2—灌浆套筒；3—下层剪力墙连接钢筋；4—上层剪力墙连接钢筋；5—拉筋

（9）当上下层预制剪力墙竖向钢筋采用挤压套筒连接时，应符合下列规定：

① 预制剪力墙底后浇段内的水平钢筋直径不应小于 10mm 和预制剪力墙水平分布钢筋直径的较大值，间距不宜大于 100mm；楼板顶面以上第一道水平钢筋距楼板顶面不宜大于 50mm，套筒上端第一道水平钢筋距套筒顶部不宜大于 20mm（图 1-39）。

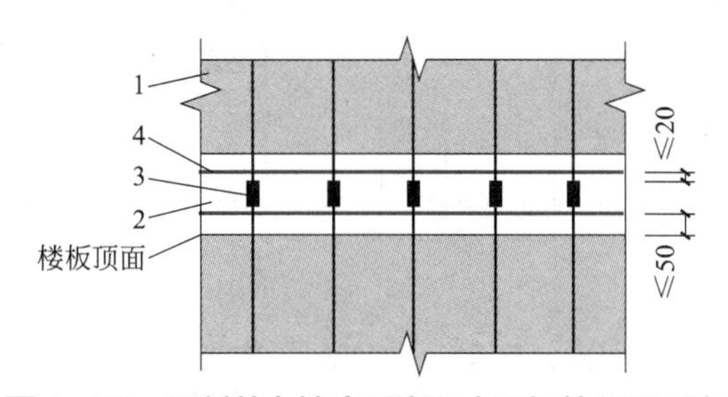

图 1-39　预制剪力墙底后浇段水平钢筋配置示意

1—预制剪力墙；2—墙底后浇段；3—挤压套筒；4—水平钢筋

② 当竖向分布钢筋采用“梅花形”部分连接时（图 1-40），应符合相关标准条款的规定。

（10）当上下层预制剪力墙竖向钢筋采用浆锚搭接连接时，应符合下列规定：

① 当竖向钢筋非单排连接时，下层预制剪力墙连接钢筋伸入预留灌浆孔道内的长度不应小于 $1.2l_{aE}$（图 1-41）。

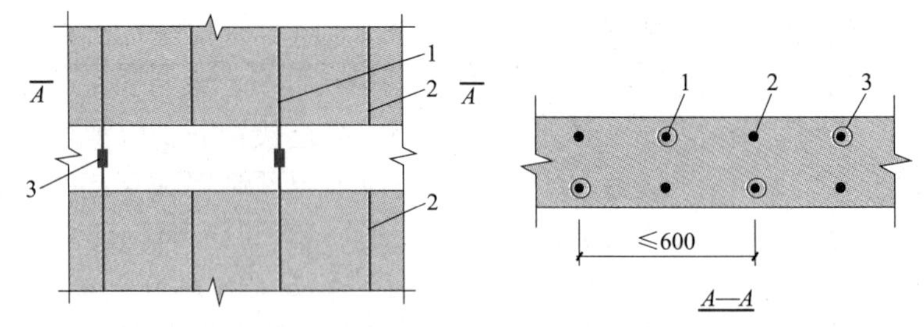

图 1-40 竖向分布钢筋“梅花形”挤压套筒连接构造示意

1—连接的竖向分布钢筋；2—未连接的竖向分布钢筋；3—挤压套筒

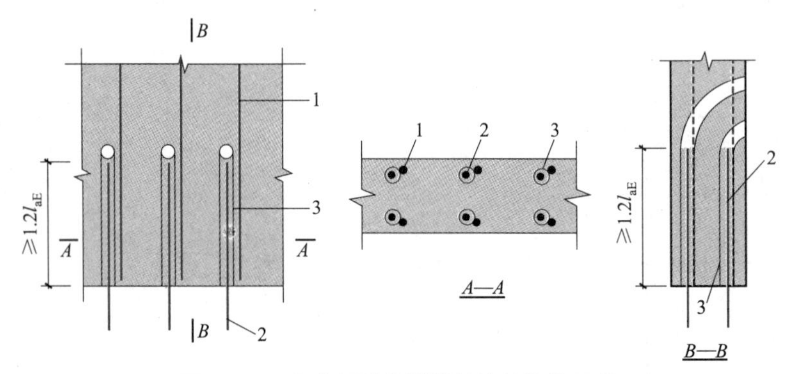

图 1-41 竖向钢筋浆锚搭接连接构造示意

1—上层预制剪力墙竖向钢筋；2—下层剪力墙竖向钢筋；3—预留灌浆孔道

② 当竖向分布钢筋采用“梅花形”部分连接时（图 1-42），应符合相关标准条款的规定。

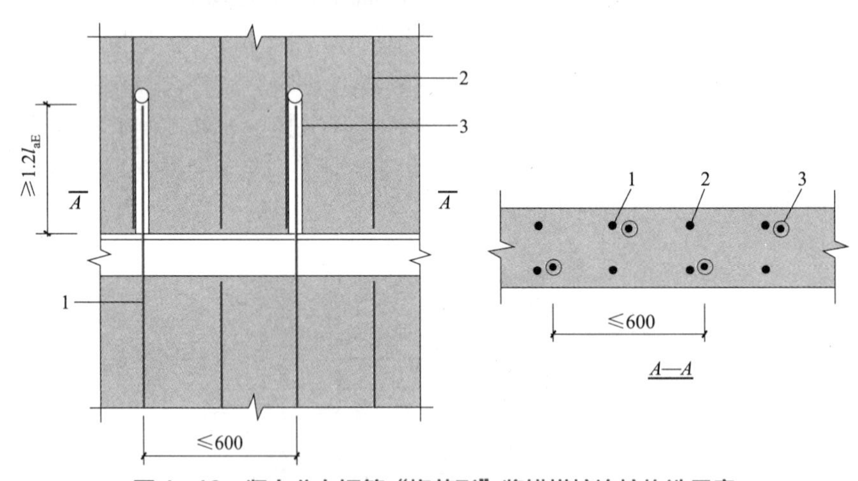

图 1-42 竖向分布钢筋“梅花形”浆锚搭接连接构造示意

1—连接的竖向分布钢筋；2—未连接的竖向分布钢筋；3—预留灌浆孔道

③ 当竖向分布钢筋采用单排连接时（图 1-43），竖向分布钢筋应符合标准的规定。剪力墙两侧竖向分布钢筋与配置于墙体中部的连接钢筋搭接连接，连接钢筋位于内、外侧被连接钢筋的中间；连接钢筋受拉承载力不应小于上下层被连接钢筋受拉承载力较大值的 1.1 倍，间距不宜大于 300mm。连接钢筋自下层剪力墙顶算起的埋置长度不应小于 $1.2l_{aE}+b_w/2$（b_w 为墙体厚度），自上层预制墙体底部伸入预留灌浆孔道内的长度不应小于 $1.2l_{aE}+b_w/2$，l_{aE} 按

连接钢筋直径计算。钢筋连接长度范围内应配置拉筋，同一连接接头内的拉筋配筋面积不应小于连接钢筋的面积；拉筋沿竖向的间距不应大于水平分布钢筋间距，且不宜大于 150mm；拉筋沿水平方向的肢距不应大于竖向分布钢筋间距，直径不应小于 6mm；拉筋应紧靠连接钢筋，并钩住最外层分布钢筋。

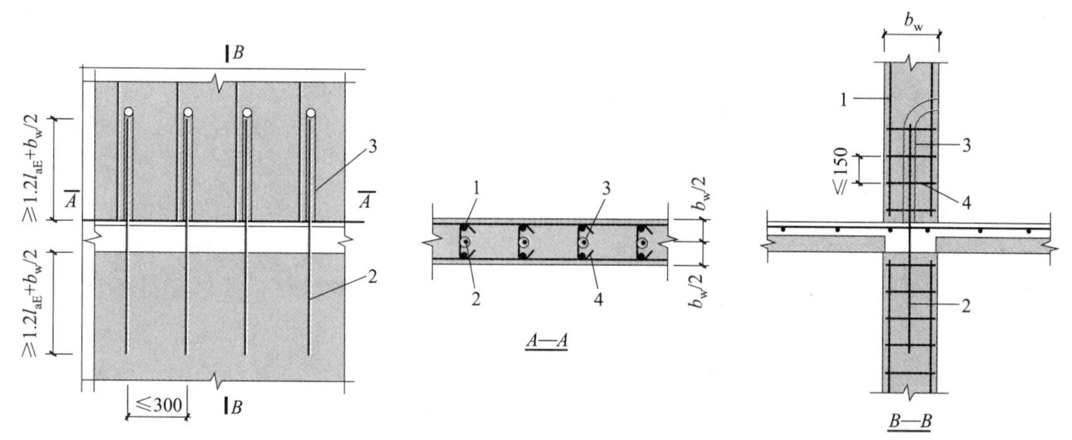

图 1-43　竖向分布钢筋单排浆锚搭接连接构造示意

1—上层预制剪力墙竖向钢筋；2—下层剪力墙连接钢筋；3—预留灌浆孔道；4—拉筋

六、多层装配式墙板结构设计

（1）多层装配式墙板结构纵横墙板交接处及楼层内相邻承重墙板之间可采用水平钢筋锚环灌浆连接（图 1-44），并应符合下列规定：

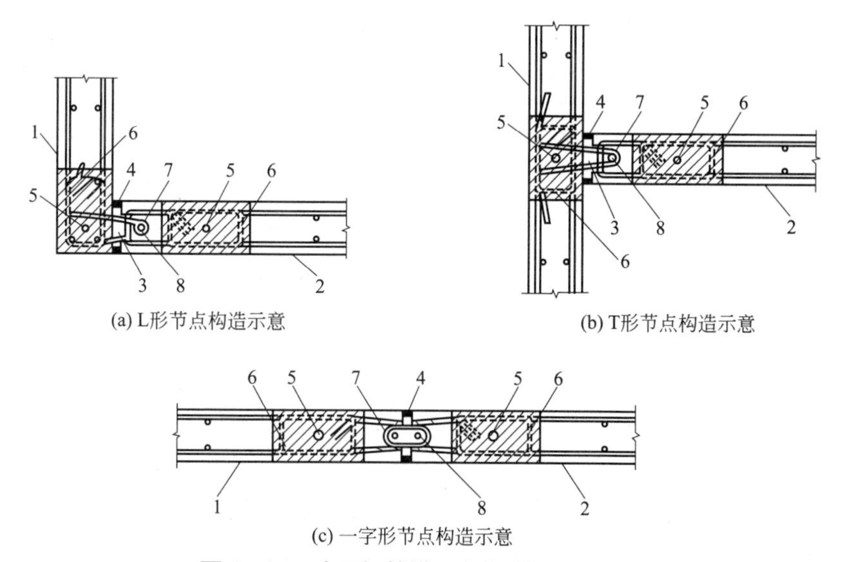

图 1-44　水平钢筋锚环灌浆连接构造示意

1—纵向预制墙体；2—横向预制墙体；3—后浇段；4—密封条；5—边缘构件纵向受力钢筋；6—边缘构件箍筋；7—预留水平钢筋锚环；8—节点后插纵筋

① 应在交接处的预制墙板边缘设置构造边缘构件。

② 竖向接缝处应设置后浇段，后浇段横截面面积不宜小于 0.01m^2，且截面边长不宜小于 80mm；后浇段应采用水泥基灌浆料灌实，水泥基灌浆料强度不应低于预制墙板混凝土

强度等级。

③ 预制墙板侧边应预留水平钢筋锚环，锚环所用钢筋直径不应小于预制墙板水平分布筋直径，锚环间距不应大于预制墙板水平分布筋间距。同一竖向接缝左右两侧预制墙板预留水平钢筋锚环的竖向间距不宜大于 4d（d 为水平钢筋锚环的直径），且不应大于 50mm。水平钢筋锚环在墙板内的锚固长度应满足现行国家标准《混凝土结构设计规范》（GB 50010—2010）（2015 年版）的有关规定。竖向接缝内应配置截面面积不小于 200mm^2 的节点后插纵筋，且应插入墙板侧边的钢筋锚环内。上下层节点后插筋可不连接。

（2）预制墙板应在水平或竖向尺寸大于 800mm 的洞边、一字墙墙体端部、纵横墙交接处设置构造边缘构件，并应满足下列要求。

① 采用配置钢筋的构造边缘构件时，应符合下列规定：

a. 构造边缘构件截面高度不宜小于墙厚，且不宜小于 200mm，截面宽度同墙厚。

b. 构造边缘构件内应配置纵向受力钢筋、箍筋、箍筋架立筋，构造边缘构件的纵向钢筋除应满足设计要求外，尚应满足规范的要求。

c. 上下层构造边缘构件纵向受力钢筋应直接连接，可采用灌浆套筒连接、浆锚搭接连接、焊接连接或型钢连接件连接。箍筋架立筋可不伸出预制墙板表面。

② 采用配置型钢的构造边缘构件时，应符合下列规定：

a. 可由计算和构造要求得到钢筋面积并按等强度计算相应的型钢截面。

b. 型钢应在水平缝位置采用焊接或螺栓连接等方式可靠连接。

c. 型钢为一字形或开口截面时，应设置箍筋和箍筋架立筋。

d. 当型钢为钢管时，钢管内应设置竖向钢筋并采用灌浆料填实。

七、外墙挂板设计

（1）外墙挂板的形式和尺寸应根据建筑立面造型、主体结构层间位移限值、楼层高度、节点连接形式、温度变化、接缝构造、运输限制条件和现场起吊能力等因素确定。板间接缝宽度应根据计算确定，且不宜小于 10mm。当计算所得缝宽大于 30mm 时，宜调整外墙挂板的形式或连接方式。

（2）外墙挂板与主体结构采用点支承连接时，节点构造应符合下列规定：

① 连接点数量和位置应根据外墙挂板形状、尺寸确定，连接点不应少于 4 个，承重连接点不应多于 2 个；

② 在外力作用下，外墙挂板相对主体结构在墙板平面内应能水平滑动或转动；

③ 连接件的滑动孔尺寸应根据穿孔螺栓直径、变形能力需求和施工允许偏差等因素确定。

（3）外墙挂板与主体结构采用线支承连接时（图 1-45），节点构造应符合下列规定：

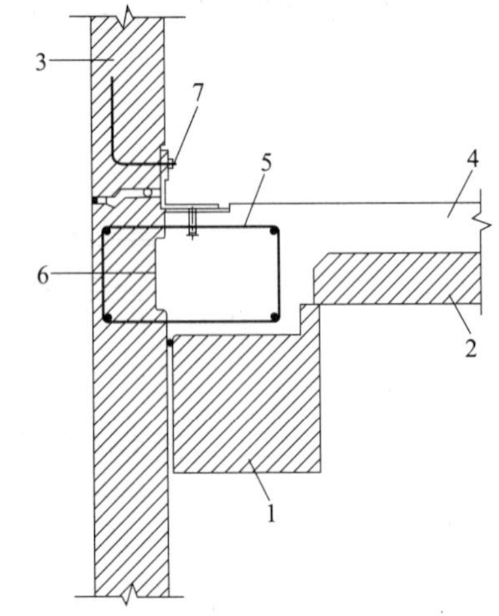

图 1-45 外墙挂板线支承连接示意

1—预制梁；2—预制板；3—预制外墙挂板；4—后浇混凝土；5—连接钢筋；6—剪力键槽；7—面外限位连接件

① 外墙挂板顶部与梁连接，且固定连接区段应避开梁端 1.5 倍梁高长度范围；

② 外墙挂板与梁的结合面应采用粗糙面并

设置键槽，接缝处应设置连接钢筋，连接钢筋数量应经过计算确定，且钢筋直径不宜小于10mm，间距不宜大于200mm，连接钢筋在外墙挂板和楼面梁后浇混凝土中的锚固应符合现行国家标准《混凝土结构设计规范》(GB 50010—2010)(2015年版)的有关规定；

③ 外墙挂板的底端应设置不少于两个仅对墙板有平面外约束的连接节点；

④ 外墙挂板的侧边不应与主体结构连接。

(4) 外墙挂板不应跨越主体结构的变形缝。主体结构变形缝两侧外墙挂板的构造缝应能适应主体结构的变形要求，宜采用柔性连接设计或滑动型连接设计，并采取易于修复的构造措施。

八、外围护系统设计

1. 一般规定

(1) 装配式混凝土建筑应合理确定外围护系统的设计使用年限，住宅建筑外围护系统的设计使用年限应与主体结构相协调。

(2) 外围护系统的立面设计应综合装配式混凝土建筑的构成条件、装饰颜色与材料质感等设计要求。

(3) 外围护系统的设计应符合模数化、标准化的要求，并满足建筑立面效果、制作工艺、运输及施工安装的条件。

(4) 外围护系统设计应包括下列内容：

① 外围护系统的性能要求；

② 外墙板及屋面板的模数协调要求；

③ 屋面结构支承构造节点；

④ 外墙板连接、接缝及外门窗洞口等构造节点；

⑤ 阳台、空调板、装饰件等连接构造节点。

(5) 外围护系统应根据装配式混凝土建筑所在地区的气候条件、使用功能等综合确定抗风性能、抗震性能、耐撞击性能、防火性能、水密性能、气密性能、隔声性能、热工性能和耐久性能等要求，屋面系统尚应满足结构性能等要求。

(6) 外墙系统应根据不同的建筑类型及结构形式选择适宜的系统类型。外墙系统中外墙板可采用内嵌式、外挂式、嵌挂结合等形式，并宜分层悬挂或承托。外墙系统可选用预制外墙、现场组装骨架外墙、建筑幕墙等类型。

(7) 外墙系统中外墙挂板应符合外墙挂板标准的规定，其他类型的外墙板应符合下列规定：

① 当主体结构承受50年重现期风荷载或多遇地震作用时，外墙板不得因层间位移而发生塑性变形、板面开裂、零件脱落等损坏；

② 在罕遇地震作用下，外墙板不得掉落。

(8) 外墙板与主体结构的连接应符合下列规定：

① 连接节点在保证主体结构整体受力的前提下，应牢固可靠、受力明确、传力简捷、构造合理。

② 连接节点应具有足够的承载力。承载能力极限状态下，连接节点不应发生破坏；当单个连接节点失效时，外墙板不应掉落。

③ 连接部位应采用柔性连接方式，连接节点应具有适应主体结构变形的能力。

④ 节点设计应便于工厂加工、现场安装就位和调整。

⑤ 连接件的耐久性应满足使用年限要求。

（9）外墙板接缝应符合下列规定：

① 接缝处应根据当地气候条件合理选用构造防水、材料防水相结合的防排水设计。

② 接缝宽度及接缝材料应根据外墙板材料、立面分格、结构层间位移、温度变形等因素综合确定；所选用的接缝材料及构造应满足防水、防渗、抗裂、耐久等要求；接缝材料应与外墙板具有相容性；在正常使用情况下，外墙板接缝处的弹性密封材料不应破坏。

③ 接缝处以及与主体结构的连接处应设置防止形成热桥的构造措施。

2. 预制外墙

（1）预制外墙用材料应符合下列规定：

① 预制混凝土外墙板用材料应符合现行行业标准《装配式混凝土结构技术规程》（JGJ 1—2014）的规定；

② 拼装大板用材料包括龙骨、基板、面板、保温材料、密封材料、连接固定材料等，各类材料应符合国家现行相关标准的规定；

③ 整体预制条板和复合夹芯条板应符合国家现行相关标准的规定。

（2）露明的金属支撑件及外墙板内侧与主体结构的调整间隙，应采用燃烧性能等级为 A 级的材料进行封堵，封堵构造的耐火极限不得低于墙体的耐火极限，封堵材料在耐火极限内不得开裂、脱落。

（3）防火性能应按非承重外墙的要求执行，当夹芯保温材料的燃烧性能等级为 B1 或 B2 级时，内、外叶墙板应采用不燃材料且厚度均不应小于 50mm。

（4）块材饰面应采用耐久性好、不易污染的材料；当采用面砖时，应采用反打工艺在工厂内完成，面砖应选择背面设有黏结后防止脱落措施的材料。

（5）预制外墙接缝应符合下列规定：

① 接缝位置宜与建筑立面分格相对应；

② 竖缝宜采用平口或槽口构造，水平缝宜采用企口构造；

③ 当板缝空腔需设置导水管排水时，板缝内侧应增设密封构造；

④ 宜避免接缝跨越防火分区；当接缝跨越防火分区时，接缝室内侧应采用耐火材料封堵。

（6）蒸压加气混凝土外墙板的性能、连接构造、板缝构造、内外面层做法等要求应符合现行行业标准《蒸压加气混凝土制品应用技术标准》（JGJ/T 17—2020）的相关规定，并符合下列规定：

① 可采用拼装大板、横条板、竖条板的构造形式；

② 当外围护系统需同时满足保温、隔热要求时，板厚应满足保温或隔热要求的较大值；

③ 可根据技术条件选择钩头螺栓法、滑动螺栓法、内置锚法、摇摆型工法等安装方式；

④ 外墙室外侧板面及有防潮要求的外墙室内侧板面应用专用防水界面剂进行封闭处理。

3. 现场组装骨架外墙

（1）骨架应具有足够的承载能力、刚度和稳定性，并应与主体结构有可靠连接；骨架应进行整体及连接节点验算。

（2）墙内敷设电气线路时，应对其进行穿管保护。

（3）现场组装骨架外墙宜根据基层墙板特点及形式进行墙面整体防水。

（4）金属骨架组合外墙应符合下列规定：

① 金属骨架应设置有效的防腐蚀措施；

② 骨架外部、中部和内部可分别设置防护层、隔离层、保温隔气层和内饰层，并根据使用条件设置防水透气材料、空气间层、反射材料、结构蒙皮材料和隔气材料等。

（5）木骨架组合外墙应符合下列规定：

① 材料种类、连接构造、板缝构造、内外面层做法等要求应符合现行国家标准《木骨架组合墙体技术标准》（GB/T 50361—2018）的相关规定；

② 木骨架组合外墙与主体结构之间应采用金属连接件进行连接；

③ 内侧墙面材料宜采用普通型、耐火型或防潮型纸面石膏板，外侧墙面材料宜采用防潮型纸面石膏板或水泥纤维板材等材料；

④ 保温隔热材料宜采用岩棉或玻璃棉等；

⑤ 隔声吸声材料宜采用岩棉、玻璃棉或石膏板材等；

⑥ 填充材料的燃烧性能等级应为 A 级。

4. 建筑幕墙

（1）装配式混凝土建筑应根据建筑物的使用要求、建筑造型，合理选择幕墙形式，宜采用单元式幕墙系统。

（2）幕墙应根据面板材料的不同，选择相应的幕墙结构、配套材料和构造方式等。

（3）幕墙与主体结构的连接设计应符合下列规定：

① 应具有适应主体结构层间变形的能力；

② 主体结构中连接幕墙的预埋件、锚固件应能承受幕墙传递的荷载，连接件与主体结构的锚固承载力设计值应大于连接件本身的承载力设计值。

（4）玻璃幕墙的设计应符合现行行业标准《玻璃幕墙工程技术规范》（JGJ 102—2003）的相关规定。

（5）金属与石材幕墙的设计应符合现行行业标准《金属与石材幕墙工程技术规范》（JGJ 133—2001）的相关规定。

（6）人造板材幕墙的设计应符合现行行业标准《人造板材幕墙工程技术规范》（JGJ 336—2016）的相关规定。

5. 外门窗

（1）外门窗应采用在工厂生产的标准化系列部品，并应采用带有批水板等的外门窗配套系列部品。

（2）外门窗应可靠连接，门窗洞口与外门窗框接缝处的气密性能、水密性能和保温性能不应低于外门窗的有关性能。

（3）预制外墙中外门窗宜采用企口或预埋件等方法固定，外门窗可采用预装法或后装法设计，并满足下列要求：

① 采用预装法时，外门窗框应在工厂与预制外墙整体成型；

② 采用后装法时，预制外墙的门窗洞口应设置预埋件。

（4）铝合金门窗的设计应符合现行行业标准《铝合金门窗工程技术规范》（JGJ 214—2010）的相关规定。

（5）塑料门窗的设计应符合现行行业标准《塑料门窗工程技术规程》（JGJ 103—2008）的相关规定。

6. 屋面

（1）屋面应根据现行国家标准《屋面工程技术规范》（GB 50345—2012）中规定的屋面

防水等级进行防水设计，应具有良好的排水功能，宜设置有组织排水系统。

（2）太阳能系统应与屋面进行一体化设计，电气性能应满足国家现行标准《民用建筑太阳能热水系统应用技术标准》（GB 50364—2018）、《建筑光伏系统应用技术标准》（GB/T 51368—2019）的相关规定。

（3）采光顶与金属屋面的设计应符合现行行业标准《采光顶与金属屋面技术规程》（JGJ 255—2012）的相关规定。

拓展知识四　基于 BIM 技术的装配式建筑构件深化设计

一、BIM技术在构件深化设计图中的应用

（1）装配式建筑的设计过程就是把整栋建筑先拆分成各种预制构配件，然后设计出所有预制构配件的深化设计图，并按照深化设计图制造各种预制构配件，最后总装成整个建筑物，就像造汽车一样建房子，如图 1-46 所示。

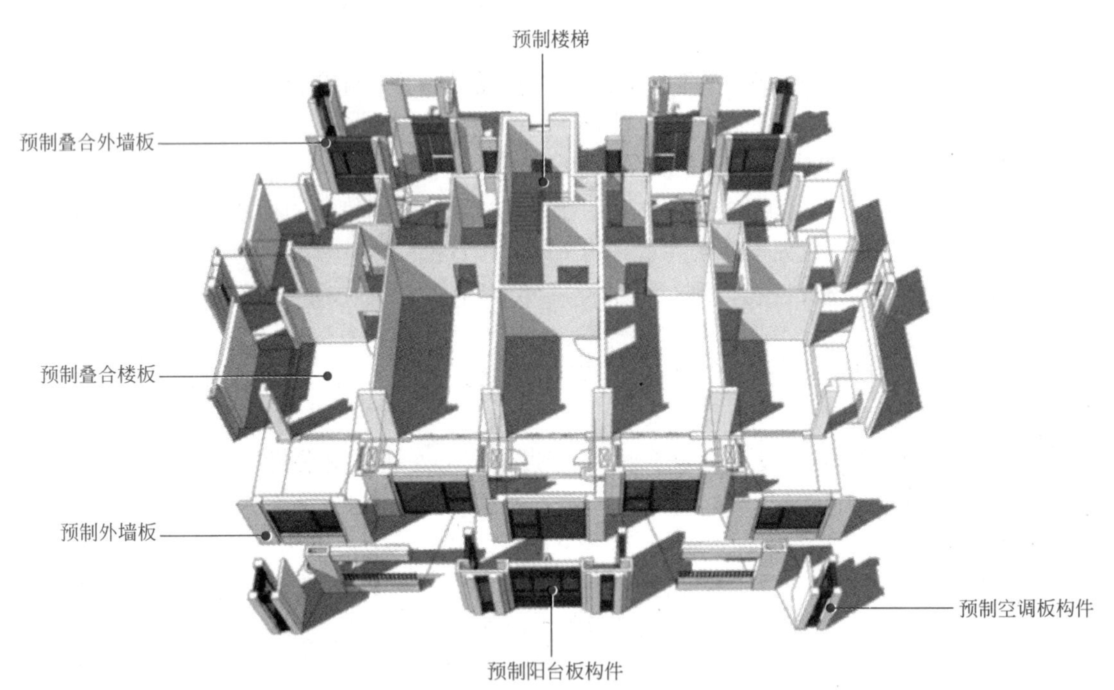

图 1-46　装配整体式建筑拆分示意图

（2）预制混凝土构件的深化设计从建立预制构件数据库开始，将数据库的构件生成需要的表单，然后用数据库加构件库进行预制构件制造、现场施工安装模拟、碰撞检查等。预制构件如图 1-47 钢筋桁架混凝土叠合板三维图所示。

（3）各专业工作人员在同一个平台上协同完成 BIM 模型，有利于沟通交流协同完成，可大大提高工作效率。在 BIM 模型的协同设计平台中，由给水排水、采暖通风、空调、电气等各个专业建立数据库，组成房子的一个个部件，安装在同一个装配式建筑里。还可以把装配式建筑的结构系统、外围护系统、内装系统、管线系统集成在建筑信息化模型内，形成更大的信息化模型，进行整体投资成本分析。如图 1-48、图 1-49 所示分别为装配式建筑综合示意图和装配式建筑节点示意图。

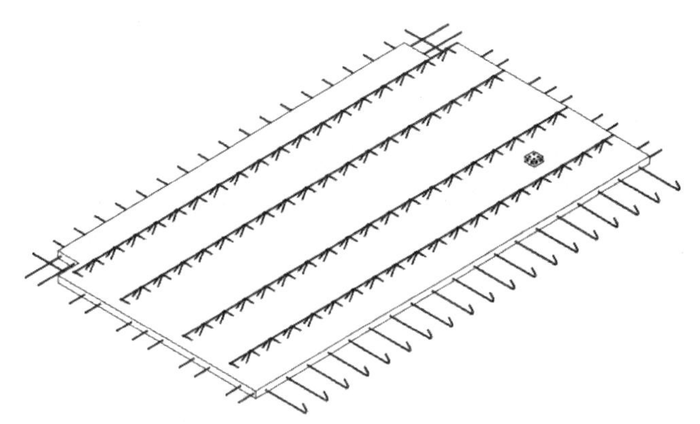

图 1-47　钢筋桁架混凝土叠合板三维图

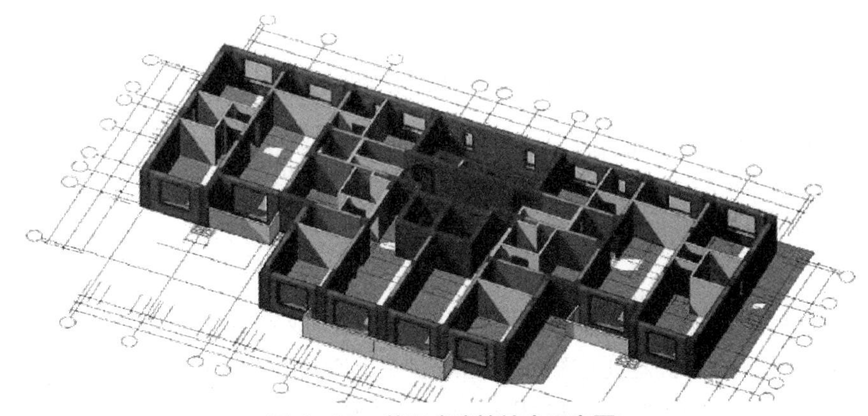

图 1-48　装配式建筑综合示意图

图 1-49　装配式建筑节点示意图

（4）BIM 模型不仅仅是一个可视化模型，利用 BIM 技术，还可以建立虚拟构件图库。

如图 1-50 所示为 BIM 标准化构件拆分图。

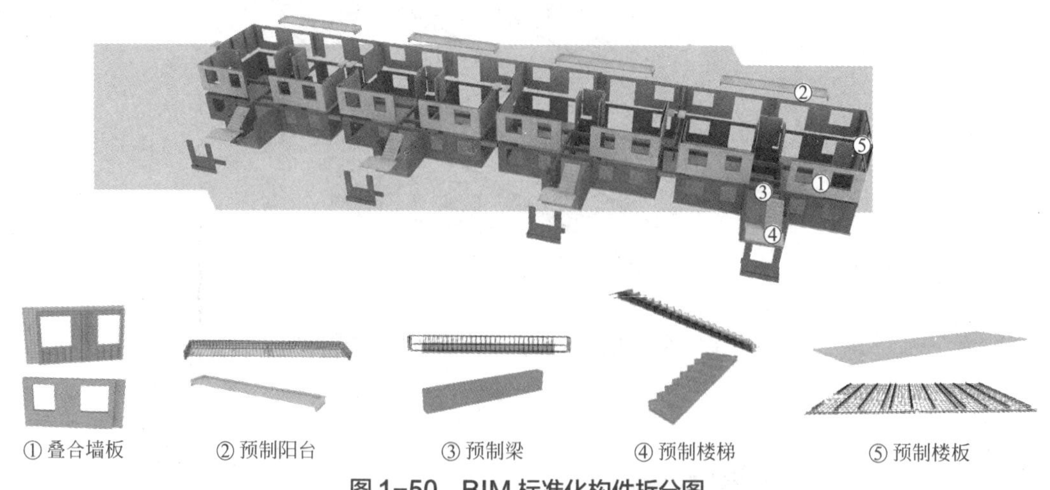

图 1-50　BIM 标准化构件拆分图

已经建立的 BIM 模型，可深入应用到装配式建筑的后续工作中，包括打印二维施工图纸、协同设计与碰撞检查、现场施工与安装模拟、竣工验收和运营维护等。

（5）建立 BIM 模型，可以利用其中包含的数据信息进行日照环境分析、噪声环境分析等。

二、装配式混凝土建筑预制构件基于BIM技术的三维成果表现

BIM 模拟建造过程，就是通过三维动画或者是 BIM 三维示意图来模拟预制混凝土构件制造、建造过程，包括钢筋绑扎、现场的装配式建筑构件安装等。

（1）应用 BIM 技术，可将每一种外墙、内墙、叠合楼板等预制混凝土构件用三维动画形式展示出来，又可以将这些预制构件的二维深化设计图直接打印出来，如图 1-51 所示。

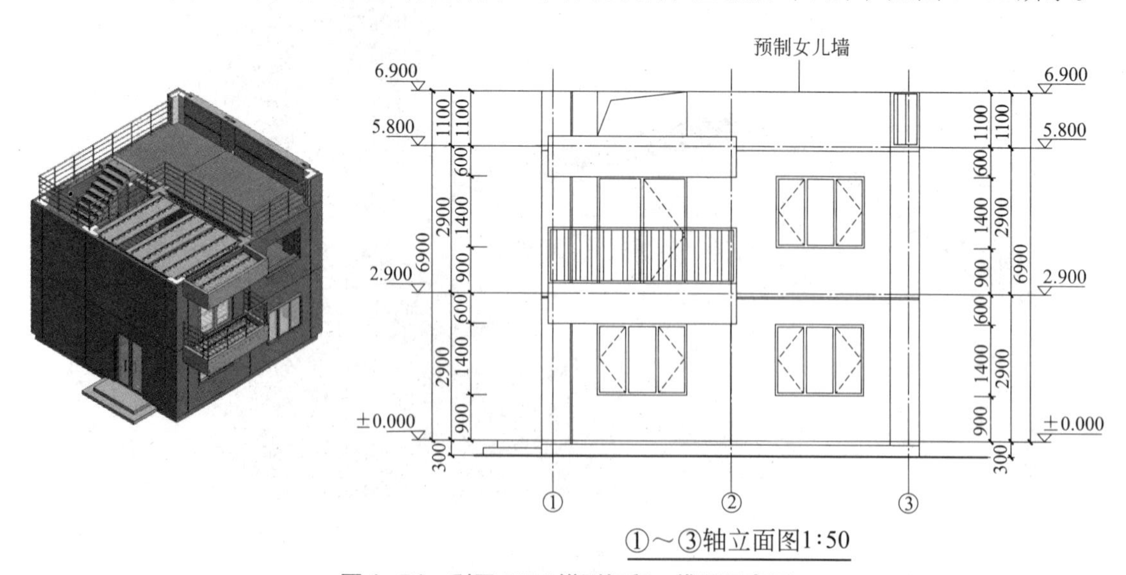

图 1-51　利用 BIM 模型打印二维图示意图

（2）应用 BIM 技术，可以从任意一个方向观察模型，而不是单从平、立、剖三个方向

观察。应用 BIM 技术，还可以选取 BIM 模型的一部分数据库，作不同的直观效果演示。

① 一个预制钢筋混凝土墙板，利用 BIM 技术，可以把它的外表皮材料揭开，观察内部构成，可用不同色彩体现它不同的构造关系，也可以把所有的外边材质去掉，看到内部钢筋是怎样的排布方式，包括灌浆套筒的连接方式，都可以提供给构件生产单位。如图 1-52、图 1-53 所示。

图 1-52　BIM 模型三维直观示意图

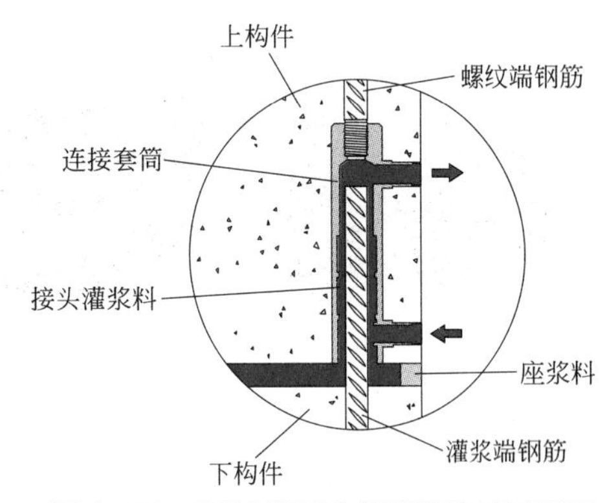

图 1-53　BIM 模型套筒灌浆连接示意图

② 卫生间内的管线也可以通过 BIM 模型加以体现，每个部分使用的材料及其材质，都可以应用 BIM 模型进行演示，如图 1-54 所示。

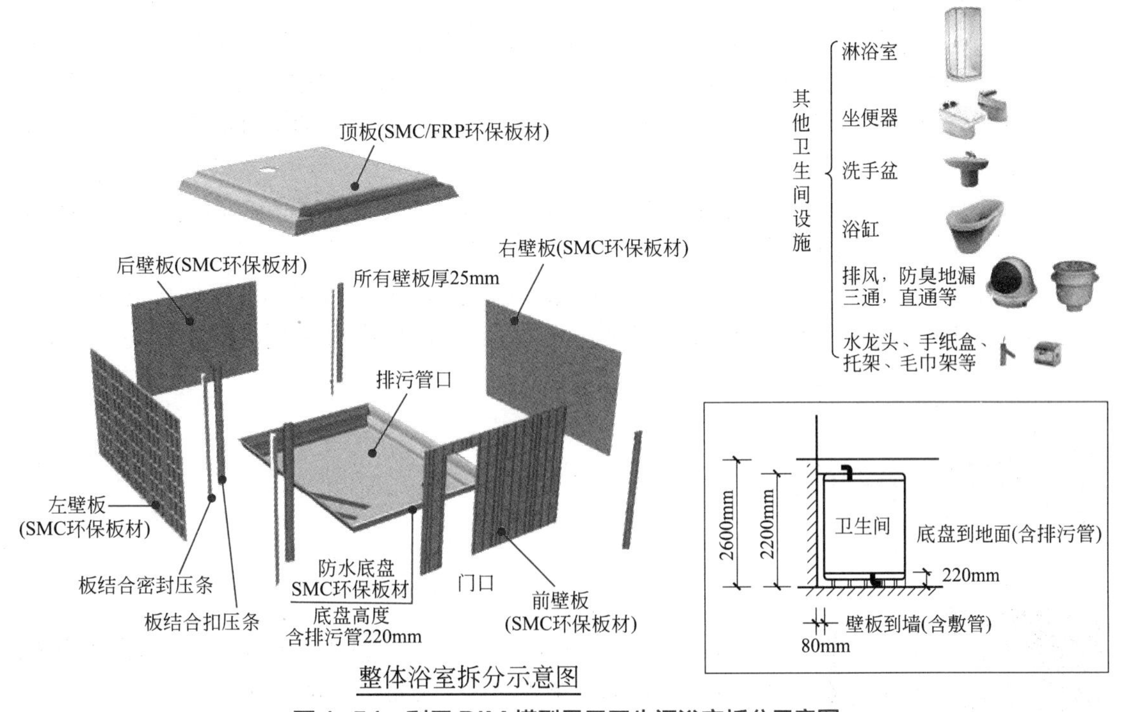

图 1-54　利用 BIM 模型显示卫生间浴室拆分示意图

（3）集合单个预制构件的 BIM 数据库，就可以组成整个项目的数据库，相当于把建筑项目所有的信息集成在一个三维信息化模型里，这是对工程项目非常有价值的三维信息化模型。如图 1-55 所示为 BIM 模型三维显示外墙剪力墙安装示意图。

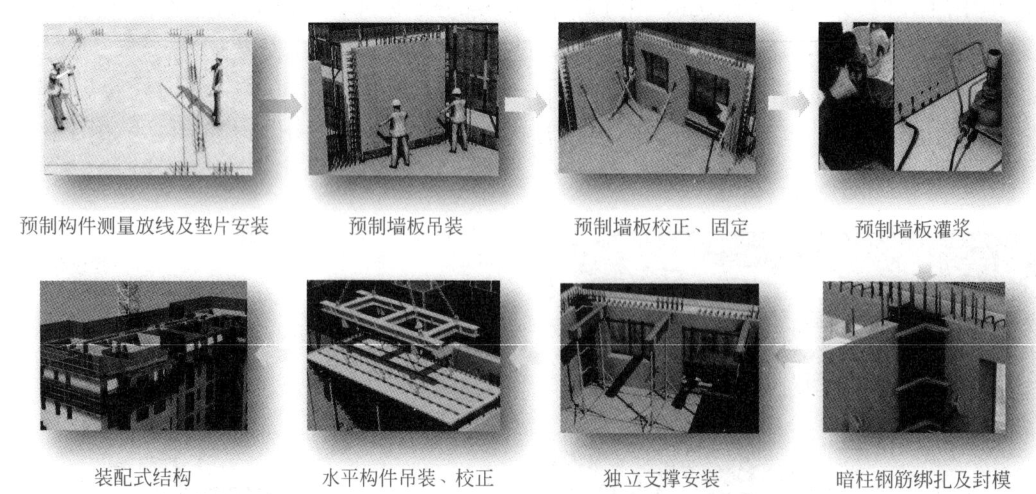

图 1-55 利用 BIM 模型三维显示外墙剪力墙安装示意图

拓展知识五 预制构件制作中的安全管理

（1）应建立健全工厂劳动安全生产和劳动保护制度，并设立专职监督员监督执行。

（2）仓管部门须保证厂区生产安全用品和劳保用品储备充足，要在备品用完前，及时联系采购部门采购入库。

（3）加强对新进场职工的安全和技术培训，定期组织各部门全体员工参加安全学习讲座、开展各模块安全生产检查评比，并在阶段性生产考核中加入奖罚处理。

（4）不定期组织全体职工进行安全、消防演练，确保全体职工在发生危险时能够正确应用各种逃生技巧。

（5）随时保持各项安全、消防用品齐全有效，督促职工正确佩戴和使用安全用品及劳保用品，确保场内外消防用品摆放正确。

（6）定期和不定期相结合，对厂区用电线路（变配电箱）、设备器具、厂房及道路、构件堆放区等进行检查，及时发现隐患并排除，对需要更新的部件及时更新。

思政小故事

贝聿铭

贝聿铭（1917 年 4 月 26 日 ~ 2019 年 5 月 16 日），出生于广州，祖籍苏州，是苏州望族之后，美籍华人建筑师。

贝聿铭曾先后在麻省理工学院和哈佛大学就读建筑学。贝聿铭荣获了 1979 年美国建筑学会金奖，1981 年法国建筑学金奖，1989 年日本帝赏奖，1983 年第五届普利兹克奖以及 1986 年里根总统颁予的自由奖章等。

贝聿铭作品以公共建筑、文教建筑为主，被归类为现代主义建筑，善用钢材、混凝土、玻璃与石材。他的代表建筑有美国华盛顿特区国家艺廊东厢、法国巴黎卢浮宫扩建工程。被誉为“现代建筑的最后大师”。

能力训练题

一、单选题

1. 广义的安全管理应包括职业健康安全，PDCA 安全健康管理方法就是行之有效的工作方法，其中 A 指的是（　　）。

A. 计划　　B. 实施　　C. 检查　　D. 处理

2. 按照《混凝土结构工程施工规范》（GB 50666—2011）的规定，预应力工程施工中，施加预应力时，混凝土强度应符合设计要求，且同条件养护的混凝土立方体抗压强度，后张法预应力梁和板，现浇结构混凝土的龄期分别不宜小于（　　）d 和 5d。必要时，施工单位应根据设计文件进行深化设计。

A.3　　B.5　　C.7　　D.14

3. 预制构件厂生产工艺中，典型的流水生产类型包括固定模台法和（　　）。

A. 流动模台法　　B. 可靠模台法　　C. 坚实模台法　　D. 走动模台法

4. 下列关于装配式混凝土结构后浇混凝土施工说法错误的是（　　）。

A. 预制构件结合面疏松部分的混凝土应剔除并清理干净

B. 模板应保证后浇混凝土部分形状、尺寸和位置准确，并应防止漏浆

C. 在浇筑混凝土前应洒水湿润结合面，混凝土应振捣密实

D. 同一配合比的混凝土，每工作班且建筑面积不超过 500m^2 应制作一组标准养护试件，同一楼层应制作不少于 3 组标准养护试件

5. 单向叠合板板侧的分离式接缝宜配置附加钢筋，附加钢筋截面面积不宜小于预制板中该方向钢筋面积，钢筋直径不宜小于（　　）mm、间距不宜大于 250mm。

A. 6　　B. 8　　C. 12　　D. 14

6. 预制构件中外露预埋件凹入构件表面的深度不宜小于（　　）mm。

A. 10　　B. 15　　C. 20　　D. 25

7. 夹心外墙板宜采用平模工艺生产，下列顺序正确的是（　　）。

A. 安装保温材料和拉接件→外页墙板混凝土层→内页墙板混凝土层

B. 外页墙板混凝土层→安装保温材料和拉接件→内页墙板混凝土层

C. 内页墙板混凝土层→外页墙板混凝土层→安装保温材料和拉接件

D. 外页墙板混凝土层→内页墙板混凝土层→安装保温材料和拉接件

8. 当预制外墙采用夹心墙板时，外叶墙板厚度不应小于（　　）mm，且外叶墙板应与内叶墙板可靠连接。

A. 30　　B. 50　　C. 80　　D. 100

9. 抗震等级为（　　）级的叠合框架梁的梁端箍筋加密区宜采用整体封闭箍筋。

A. 一级　　B. 一、二级　　C. 二、三级　　D. 二级

10. 按照《混凝土结构工程施工规范》(GB 50666—2011)的规定，当采用平卧重叠法制作预制构件时，应在下层构件的混凝土强度达到(　　)MPa后，再浇筑上层构件混凝土，上、下层构件之间应采取隔离措施。

A. 1.0　　B. 1.2　　C. 2.0　　D. 5.0

二、多选题

1. 与安全相对应的就是事故，加强对自身工厂和其他工厂案例的事故分析，有助于预防事故的发生，提高安全管理水平，事故原因可以分为(　　)类型。

A. 机械、物品的不安全状态　　B. 工人的不安全行为

C. 作业的原因　　D. 管理的原因

2. 装配式混凝土结构中的构件检验关系到主体的质量安全，应重视。预制构件的检验主要包含(　　)三部分。

A. 专业检验　　B. 材料检验　　C. 隐蔽工程验收　　D. 成品检验

3. 楼梯模具可分为(　　)和(　　)两种模式。

A. 卧式　　B. 立式　　C. 平板式　　D. 站立式

4. 预制构件厂主要模具类型有(　　)、楼梯模具、内墙板模具和外墙板模具等。

A. 梁模　　B. 柱模　　C. 叠合楼板模具　　D. 阳台板模具

5. 预制构件厂所用预制构件模具图一般包括(　　)三个部分。

A. 模具总装图　　B. 模具部件图　　C. 材料清单　　D. 材料组成

三、判断题

1. 在预制构件生产过程中，一些小事故避免不了甚至经常发生，可以不用重视，只要及时排除就行。(　　)

2. 预制构件厂通常采用流动式工厂。(　　)

3. 按照《混凝土结构工程施工规范》(GB 50666—2011)的规定，混凝土振捣应能使模板内各个部位混凝土密实、均匀，不应漏振、欠振，但是可以过振。(　　)

4. 预制构件的吊环应采用经冷加工的HPB300级钢筋制作。吊装用内埋式螺母或吊杆的材料应符合国家现行相关标准的规定。(　　)

5. 按照《混凝土结构工程施工规范》(GB 50666—2011)的规定，装配式结构工程，采用现浇混凝土或砂浆连接的预制构件结合面，制作时应按设计要求进行处理。设计无具体要求时，宜进行拉毛或凿毛处理，也可采用露骨料粗糙面。(　　)

6. 预制构件采用钢筋套筒灌浆连接时，应在构件生产前进行钢筋套筒灌浆连接接头的抗拉强度试验，每种规格的连接接头试件数量不应少于3个。(　　)

四、问答题

1. 预制构件的检验主要包含哪些检验？

2. 钢筋隐蔽验收的内容有哪些？

3. 现场后浇混凝土模板板除的原则是什么？

模块二 预制构件的存储与运输

【知识目标】

• 了解预制构件存储环境。

• 了解预制构件运输设备类型。

• 熟悉预制构件存储设备及运输条件。

• 掌握竖向构件存储与运输要点。

• 掌握水平构件存储与运输要点。

【技能目标】

• 能够编制预制构件存储与运输的技术交底。

• 会选择合适的专用运输机械设备，并依据运输规章制度进行构件运输。

• 会查阅各种相关的规范、图集和规程，能够正确领会并执行国家有关建筑施工规范、规程和标准。

• 能利用所学专业知识解决预制构件存储与运输中遇到的一般技术问题。

【素质目标】

• 养成终身学习的良好习惯，保持积极乐观的态度，具有正确的人生观和较强的爱国热情。

• 引导学生将自身发展与行业特点紧密联系，具备较强的选择设备能力，具有成品保护意识。

• 树立爱岗敬业、诚实守信、团结协作、不忘初心的品质，坚持安全第一，预防为主。

单元一 存储环境、运输设备的选择

预制构件的运输可采用低平板半挂车或专用运输车，并根据构件的种类不同而采取不同的固定方式。

一、预制构件运输车

预制构件运输设备应根据现场的实际道路情况合理选择，若场地大可以选择拖板运输车，若场地小可以采用拖拉机拉拖盘车（图 2-1）。

图 2-1 拖拉机拉拖盘车

二、转运架

转运架一般采用双面斜放形式，这种形式机动灵活，还可作为临时存放架；还有可以垂直安放的货厢式转运架，这种转运架占用空间小、容量大。如图 2-2、图 2-3 所示为不同形式转运架。

图 2-2 转运架、运输铁架

图 2-3 立式托盘转运架

三、翻板机

对于长度大于生产线宽度，同时运输亦超高的竖向板，必须使用短边侧向翻板的方式起模和运输，到现场后须将板旋转 90° 以实现竖向吊装。

单元二 竖向构件的存储与运输

一、竖向预制构件进场前的准备工作

根据工程特点，主要采用公路汽车进行构件的运输。场外公路运输线路的选择要先进行路线勘测，合理选择运输路线，并对沿途具体运输障碍制定措施。构件应在白天光线充足的时刻进场，以便对构件进行进场外观检查。

在运输开始前，要对承运单位的技术力量和车辆、机具进行审验，并报请交通主管部门批准，必要时要组织模拟运输。在吊装作业前，应由技术员进行吊装和卸货的技术交底。指挥人员、司索人员（起重工）和起重机械操作人员必须经过专业学习并接受安全技术培训，取得“特种作业人员安全操作证”。同时，所选用的起重机械和起重机具应是完好的。

二、竖向预制构件的储存

预制构件码放通常可采用平面码放和竖向固定码放两种方式，其中需采用竖向固定码放储存的预制构件是墙板构件。墙板的竖向固定码放储存通常应采用存储架来固定，固定架有多种形式，包括墙板固定式码放存储架、墙板模块式码放存储架。模块式码放支架还可以设计成墙板专用码放存储架或墙板集装箱式码放存储架。预制柱等细长构件宜平放且用两条垫木支撑，同时，预制柱码放不宜超过 2 层。预制内外墙板、挂板宜采用专用支架直立存放，支架应有足够的强度和刚度，薄弱构件、构件薄弱部位和门窗洞口应采取防止变形开裂的临时加固措施。如图 2-4 所示为预制剪力墙板储存。

图 2-4 预制剪力墙板储存

预制构件堆放储存规定：堆放场地应该平整、坚实，并且要有排水措施；预制构件堆放应将预埋吊件朝上，标识宜朝向堆垛间的通道；支垫必须坚实；垫木或垫块在构件下的位置宜与脱模、吊装时的起吊位置保持一致；重叠堆放构件时，每层构件间的垫木或垫块应上下对齐；堆垛层数应该根据构件与垫木或垫块的承载能力及堆垛的稳定性来确定；堆放预应力预制构件时，应该根据预制构件起拱值的大小和堆放时间采取相应的措施。

三、竖向预制构件的运输

竖向预制构件的运输应根据构件特点采用不同的运输方式，所要用到的托架、靠放架、插放架应进行专门设计，并进行强度、稳定性和刚度验算。

1. 墙板的运输

当采用靠放架堆放或运输构件时，靠放架应具有足够的承载力和刚度，且与地面倾斜角度宜大于 80° ；外墙板宜采用立式运输，对称靠放且外饰面朝外，构件上部宜采用木垫块隔离；运输时构件应采取固定措施。

当采用插放架直立运输时，应采取防止构件倾倒措施，构件之间应设置隔离垫块。

当采用叠层平放的方式堆放或运输构件时，应采取防止构件产生裂缝的措施。

墙板应通过专用运输车运输到工地，运输车分“人”字架运输车（斜卧式运输）和立式运输车。

2. 预制柱的运输

预制柱一般采用叠层平放的方式堆放或运输，运输时应采取防止构件产生裂缝的措施。一般情况下，装载构件后，货车的总宽度不得超过 2.5m，货车高度不得超过 4.0m，总长度不得超过 15.5m，总载重不得超过汽车的允许载重，且不得超过 40t。特殊预制构件经过公路管理部门的批准并采取措施后，货车总宽度不得超过 3.3m，总高度不得超过 4.2m，总长度不超过 24m，总载重不得超过 48t。

3. 预制构件的装车与卸货

（1）运输车辆可采用大吨位卡车或平板拖车。

（2）在吊装作业时必须明确指挥人员，统一指挥信号。

（3）不同构件应按尺寸分类叠放。

（4）装车时先在车厢底板上做好支撑与减震措施，以防构件在运输途中因震动而受损，如装车时先在车厢底板上铺两根 100mm × 100mm 的通长木方，木方上垫厚 15mm 以上的硬橡胶垫或其他柔性垫。

（5）上下构件之间必须有防滑垫块，上部构件必须绑扎牢固，结构构件必须有防滑支垫。

（6）构件运进场地后，应按规定或编号顺序有序地摆放在规定的位置，场内堆放地必须坚实，以防止场地沉降使构件变形。

（7）堆码构件时要码靠稳妥，垫块摆放位置要上下对齐，受力点要在一条线上。

（8）装卸构件时要妥善保护，必要时要采用软质吊具。

（9）装运构件（节点板、零部件）应设标牌，标明构件的名称、编号。

2-1 预制构件的存储和运输

单元三 水平构件的存储与运输

一、水平预制构件进场前的准备工作

根据工程特点，主要采用公路汽车进行构件的运输。场外公路运输线路选择时，要先进行路线勘测，合理选择运输路线，并对沿途具体运输障碍制定措施。构件应在白天光线充足的时刻进场，以便对构件进行进场外观检查。

二、水平预制构件的储存

预制构件码放通常可采用平面码放和竖向固定码放两种方式，其中需采用水平码放储存的预制构件包括叠合板、楼梯、叠合梁和柱等。预制构件水平码放储存应该符合下列规定：堆放场地应该平整、坚实，并且要有排水措施；存放库区宜实行分区管理和信息化台账管理；应按照产品品种、规格型号、检验状态分类存放，产品标识应清晰、牢固，预埋吊件应朝上，标识应向外；水平码放构件的支垫必须坚实，标志向外；垫木或垫块在构件下的位置宜与脱模、吊装时的起吊位置一致；与清水混凝土面接触的垫块应采取防污染措施；重叠码放构件时，每层构件间的垫木或垫块需保持在上下垂直线上；堆垛层数应该根据构件与垫木或垫块的承载能力及堆垛的稳定性来确定。

预制楼板、叠合板、阳台板和空调板等构件宜平放，叠放层数不宜超过 6 层；长期存放时，应采取措施控制预应力构件起拱和叠合板翘曲变形，堆放时底板与地面之间应有一定的空隙。大型屋面板叠放层数不宜超过 6 层，圆孔板不宜超过 8 层；堆垛间应留 2m 宽的通道；预制梁等细长构件宜平放且用两条垫木支撑。预制梁码放不宜超过 3 层。

三、水平预制构件的运输

水平预制构件的运输应制订运输计划及相关方案，其中包括运输时间、次序、堆放场地、运输线路、固定要求、堆放支垫及成品保护措施等内容。对于超高、超宽、形状特殊的大型构件的运输和堆放应采取专门的质量安全保护措施。

1. 水平预制构件的运输

（1）构件运输前，根据运输需要选定合适、平整、坚实的路线。

（2）在运输前应按清单仔细核查各预制构件的型号、规格、数量及是否配套。

（3）本工程中大多数预制构件必须采用平运法，不得竖直运输。

（4）预制构件重叠平运时，各层之间必须放 100mm × 100mm 木方支垫，且垫块位置应保证构件受力合理，上下对齐。

（5）预制构件应分类重叠码放储存。

（6）运输前，预制构件厂要按照构件的编号，统一用黑色签字笔在预制构件侧面及顶面醒目处做标识及吊点标识。

（7）应根据构件类型在运输车上合理设置专用运输架或支撑点，且需有可靠的稳定构件措施，可用钢丝带加紧固器绑牢，以防构件在运输时受损。

（8）车辆应慢启动、行驶车速均匀，严禁超速、猛拐和急刹车。

2. 水平预制构件的装卸

（1）水平预制构件装载　装载预制构件时要尽可能在坚硬平坦的道路上，装载位置尽量靠近半挂车中心位置，左右两边预留空隙基本一致；在确保渡板后端无人的情况下，再放下和收起渡板；吊装工具与预制构件连接必须牢靠，较大预制构件必须直立吊起和存放；要严格控制预制构件起升高度，预制构件底端距车架承载面或地面小于100mm；吊装行走时立面在前，操作人员站于预制构件后端，两侧与前端禁止站人。

（2）预制构件装卸　建筑产业化施工过程中，在工厂预先制作的混凝土构件应根据运输与堆放方案，提前做好预制构件的堆放场地、固定、堆放支垫及成品保护措施。对于大型构件的装卸应有专门的质量安全保证措施。

单元四　异型构件的存储与运输

一、异型构件运输

为了满足不同工程对不同预制构件的码放与运输需求，工程中的异型构件在运输过程中须采用立式运输，且运输车辆须选用专用运输车。目前，国内三一重工和中国重汽均有生产此类车辆。

二、预制构件运输车辆要求

运输车辆起步前，应检查运输车辆的轮胎气压是否为规定值；启动发动机，观察驾驶室内的气压表，直到气压上升到0.6MPa以上；推入牵引车的手刹，可听到明显且急促的放气声，看见制动气室推杆缩回，解除驻车制动；检查气路有无漏气，制动系统是否正常工作；检查电路各显示灯是否正常工作，各电线接头是否结合良好。

一切检查确定正常后，继续使制动系统气压（表压）上升到0.7~0.8MPa，然后按牵引车的操作要求平稳起步，同时检查整车的制动效果以确保制动可靠。运输车辆行驶时与一般汽车相同，但要注意：不能长时间使用半挂车的制动系统，以避免制动系统气压太低而使紧急继动阀自动制动车轮出现刹车自动抱死情况。遇长坡或急坡时，要防止制动鼓过热，应尽量使用牵引车发动机制动装置制动。行驶时车速不得超过最高车速。应注意道路上的限高标志，以避免与道路上的装置相撞。由于预制板重心较高，转弯时必须严格控制车速，不得大于10km/h。楼梯运输时要注意区分楼梯的型号，主要通过楼梯的栏杆插孔及楼梯的防滑槽区分楼梯的上下梯段及型号。

拓展知识一　预制构件的基本知识

一、预制混凝土（受力）构件简介

装配式混凝土结构常用的预制构件有预制混凝土框架柱、预制混凝土叠合梁、预制混凝土剪力墙外墙板、预制混凝土剪力墙内墙板、预制混凝土钢筋桁架叠合楼板、预制带肋底板混凝土叠合楼板、预制混凝土楼梯板、预制混凝土阳台板、预制混凝土空调板、预制混凝土女儿墙、预制混凝土外墙挂板等。这些主要受力构件通常在工厂预制加工完成，待强度符合规定要求后，再进行现场装配施工。

1. 预制混凝土框架柱

预制混凝土框架柱（图 2-5）是建筑物的主要竖向结构受力构件，一般采用矩形截面。

图 2-5　预制混凝土框架柱

2. 预制混凝土叠合梁

预制混凝土叠合梁是由预制混凝土底梁（或既有混凝土底梁）和后浇混凝土组成，分两阶段成型的整体受力水平结构构件（图 2-6）。其下半部分在工厂预制，上半部分在工地叠合浇筑混凝土。

图 2-6　预制混凝土叠合梁

3. 预制混土剪力墙墙板

（1）预制混凝土剪力墙外墙板　预制混凝土剪力墙外墙板（图 2-7）是指在工厂预制成

图 2-7 预制混凝土剪力墙外墙板

的，内叶板为预制混凝土剪力墙、中间夹有保温层、外叶板为钢筋混凝土保护层的预制混凝土夹芯保温剪力墙墙板，简称预制混凝土剪力墙外墙板。

内叶板侧面在施工现场通过预留钢筋与现浇剪力墙边缘构件连接，底部通过钢筋灌浆套筒与下层预制剪力墙预留钢筋相连。

（2）预制混凝土剪力墙内墙板　预制混凝土剪力墙内墙板（图 2-8）是指在工厂预制成的混凝土剪力墙构件。预制混凝土剪力墙内墙板侧面在施工现场通过预留钢筋与现浇剪力墙边缘构件连接，底部通过钢筋灌浆套筒与下层预制剪力墙预留钢筋相连。

图 2-8 预制混凝土剪力墙内墙板

4. 预制混凝土叠合楼板

预制混凝土叠合楼板最常见的有两种，一种是预制混凝土钢筋桁架叠合板，另一种是预制带肋底板混凝土叠合楼板。

预制混凝土钢筋桁架叠合板（图 2-9）属于半预制构件，下部为预制混凝土板，外露部分为桁架钢筋。预制混凝土叠合板的预制部分最小厚度为 3 ~ 6cm，叠合楼板在工地安装到位后应进行二次浇筑，从而成为整体实心楼板。钢筋桁架的主要作用是帮助后浇筑的混凝土层与预制底板形成整体，并在制作和安装过程中提供刚度。伸出预制混凝土层的钢筋桁架和粗糙的混凝土表面保证了叠合楼板预制部分与现浇部分能有效地结合成整体。

图 2-9 预制混凝土钢筋桁架叠合板

5. 预制混凝土楼梯板

预制混凝土楼梯板（图 2-10）受力明确，外形美观，避免了现场支模，安装后可作为施工通道，节约施工工期。

图 2-10　预制混凝土楼梯板

6. 预制混凝土阳台板、预制混凝土空调板、预制混凝土女儿墙

（1）预制混凝土阳台板　预制混凝土阳台板（图 2-11）能够解决现浇阳台支模复杂，现场高空作业费时、费力以及高空作业时的施工安全问题。

图 2-11　预制混凝土阳台板

（2）预制混凝土空调板　预制混凝土空调板通常采用预制实心混凝土板，板顶预留钢筋通常与预制叠合板的现浇层相连。

（3）预制混凝土女儿墙　预制女儿墙分预制墙身和预制压顶两部分构件。预制混凝土女儿墙身先固定定位，预制墙身下端与结构顶层剪力墙采用钢筋套筒灌浆连接；女儿墙身两端预留水平连接筋伸入结构顶层剪力墙向上延伸的后浇段通过现浇连接；预制女儿墙通过墙身内预埋的锚筋连接。

二、常用非承重预制混凝土构件

围护构件是指用于围合、构成建筑空间，抵御环境不利影响的构件，主要有 PC 外围护墙板和预制内隔墙板等。

外围护墙用来抵御风雨和温度变化、太阳辐射等，应具有保温、隔热、隔声、防水、防潮、耐火、耐久等性能。预制内隔墙起分隔室内空间的作用，应具有隔声、隔视线以及某些有特殊要求的性能。

三、工业化建筑和预制率、装配率、预制装配率

1. 工业化建筑

采用以标准化设计、工厂化生产、装配化施工、一体化装修和信息化管理等为主要特征的工业化生产方式建造的建筑。

2. 预制率

工业化建筑室外地坪以上主体结构和围护结构中，预制构件部分的混凝土用量占对应部分混凝土总用量的体积比。

3. 装配率

工业化建筑中预制构件、建筑部品的数量（或面积）占同类构件或部品总数量（或面积）的比例。

4. 预制装配率

根据预制率与装配率的不同综合确定。

拓展知识二　预制构件运输中的安全管理及成品保护

一、全面做好运输准备工作

由于城市高架、桥梁、隧道道路的限制，加之建筑预制构件尺寸不一、形状不一、重心不一，在吊装运输开始前，要充分做好准备工作，设计切实可行的吊装运输方案。

（1）大型构件在实际运输前应踏勘运输路线，确认运输道路的承载力（含桥梁和地下设施）、宽度、转弯半径和穿越桥梁、隧道的净空与架空线路的净高是否满足运输要求，运输机械与电力架空线路的最小距离必须符合要求，路线应该尽量避开桥涵和闹市区，应该设计备选方案。明确了运输路线后，根据构件运输超高、超宽、超长情况，及时向交通管理部门申报，经批准后，方可在指定路线和指定时间段上行驶。

（2）根据大型构件特点选用预制构件专用运输车或对常规运输车进行改装，降低车辆装载重心高度并设置车辆运输稳定专用固定支架。

二、保证装卸安全的措施

（1）构件卸车前，应预先布置好临时码放场地，构件临时码放场地需要合理布置在吊装机械可覆盖范围内，避免二次吊装。管理人员分派装卸任务时，要向工人交代构件的名称、大小、形状、质量、使用吊具及安全注意事项。安全员应根据装卸作业特点对操作人员进行安全教育。装卸作业开始前，需要检查装卸地点和道路，清除障碍。

（2）装卸作业时，应采取保证车体平衡的措施，按照规定的装卸顺序进行，确保车辆平衡，避免由于卸车顺序不合理导致车辆倾覆。装卸过程中，构件移动时，操作人员要站在构件的侧面或后面，以防发生倾倒。参与装卸的操作人员要佩戴必要安全劳保用品。装卸时，汽车未停稳，不得抢上抢下。开关汽车栏板时须确保附近无其他人员，且必须两人进行。汽车未进入装卸地点时，不得打开汽车栏板，打开汽车栏板后，严禁汽车再行移动。卸车时，要保证构件质量前后均衡，并采取有效的防止构件损坏的措施。卸车时，务必从上到下依次卸货，不得在构件下部抽卸，以防车体或其他构件失衡。

三、保证运输安全的措施

（1）驾驶员在构件运输过程中一定要匀速行驶，严禁超速、猛拐和急刹车。构件运输车应按交通管理部门的要求悬挂安全标志，超高的部件应有专人照看并配备适当器具，保证在

有障碍物情况下能安全通过。

（2）预制叠合板、预制阳台和预制楼梯宜采用平放运输；预制外墙板宜采用专用支架竖直靠放式运输；运输薄壁构件，应设专用固定架，采用竖立或微倾放置方式；为确保构件表面或装饰面不被损伤，放置时插筋向内、装饰面向外，与地面倾斜角度宜大于 80°，以防倾覆；为防止运输过程中车辆颠簸对构件造成损伤，构件与刚性支架应加设橡胶垫等柔性材料，且应采取防止构件移动、倾倒、变形等的固定措施。

（3）构件运输时的支承点应与吊点位置在同一竖直线上，支承必须牢固；运输 T 形梁、工字梁、桁架梁等易倾覆的大型构件，必须用斜撑牢固地支撑在梁腹上；构件装车后应用紧线器紧固于车体上，长距离运输途中应检查紧线器的牢固状况，发现松动必须停车紧固，确认牢固后方可继续运输；搬运托架、车厢板和预制混凝土构件间应放入柔性材料，应用钢丝绳或夹具将构件与托架绑扎紧固，构件边角与锁链接触部位的混凝土应采用柔性垫衬材料保护。

四、预制构件成品保护的措施

（1）预制构件成品外露保温板应采取防开裂措施，外露钢筋应采取防弯折措施，外露预埋件和连接件等外露金属件应按不同环境类别进行防护、防腐、防锈。

（2）宜在吊装前对预埋螺栓孔进行清洁。

（3）钢筋连接套筒、预埋孔洞应采取防止堵塞的临时封堵措施。

（4）露骨料粗糙面冲洗完成后应对灌浆套筒的灌浆孔和出浆孔进行透光检查，并清理灌浆套筒内的杂物。

（5）冬期生产和存放的预制构件的非贯穿孔洞应采取措施防止雨雪水进入发生冻胀损坏。

思政小故事

刘敦桢

刘敦桢（1897.9.19—1968.5.10），现代建筑学家、建筑史学家。湖南新宁人。

1921 年毕业于日本东京高等工业学校建筑科，南京工学院建筑系（现东南大学建筑学院）教授。中国建筑教育及中国古建筑研究的开拓者之一，毕生致力于建筑教学及发扬中国传统建筑文化。1928 年发表《佛教对于中国建筑之影响》，1930 年加入中国营造学社。在《中国营造学社汇刊》上发表论文《北平智化寺如来殿调查记》《大壮室笔记》《明长陵》《大同古建筑调查报告》《易县清西陵》《河北西部古建筑调查记略》《河南北部古建筑调查记》等，为中国古建筑研究树立楷模。1953 年创办中国建筑研究室，出版了《中国住宅概况》。1959 年起，主编《中国古代建筑简史》《苏州古典园林》，总结国内研究成果，为中国建筑史这门学科作出了贡献。

1955 年选聘为中国科学院院士（学部委员）。

能力训练题

一、单选题

1. 预制墙板的竖向固定方式通常踩踏存储架来固定，固定架有多种方式，可分为固定式存储架和模块式存储架。模块式存储架可以设计成专用存储架或（　　）存储架。

A. 集装箱式　　B. 单体箱式　　C. 固定式　　D. 移动式

2. 下列关于预制墙板的运输和堆放说法错误的是（　　）。

A. 当采用靠放架堆放或运输构件时，靠放架应具有足够的承载力和刚度，与地面的倾斜角度宜大于 80°

B. 墙板宜对称靠放且外饰面朝内，构件上部宜采用木垫块隔离

C. 当采用插放架直立堆放或运输构件时，宜采取直立运输方式

D. 采用叠层平放的方式堆放或运输构件时，应采取防止构件产生裂缝的措施

3. 下列关于吊装及吊装用吊具说法错误的是（　　）。

A. 吊具应根据预制构件形状、尺寸及重量等参数进行配置

B. 吊索水平夹角不应小于 60°

C. 对尺寸较大或形状复杂的预制构件，宜采用有分配梁或分配桁架的吊具

D. 吊装用吊具应按国家现行有关标准的规定进行设计验算或试验检验

4. 在预制构件开始起吊时，应先将构件吊离地面（　　）mm 后停止起吊，并检查起重机的稳定性、制动装置的可靠性、构件的平衡性和绑扎的牢固性等，待确认无误后，方可继续起吊。已吊起的构件不得长久停滞在空中。

A. 100 ~ 200　　B. 150 ~ 250　　C. 200 ~ 300　　D. 250 ~ 350

5. 当墙板采用靠放架堆放或运输构件时，靠放架应具有足够的承载力和刚度，与地面倾斜角度宜大于（　　）。

A. 45°　　B. 60°　　C. 80°　　D. 90°

二、多选题

1. 预制构件厂混凝土输送设备主要有（　　）。

A. 混凝土搅拌运输车　　B. 布料机　　C. 混凝土空中运输车　　D. 混凝土输送平车

2. 预制构件生产过程中安全管理应始终坚持以人为本，管生产必须管安全，必须坚持“（　　）”的三大方针，坚决落实企业在生产、存储、销售各个环节的主体责任，建立领导负责、职工参与、政府监管、行业自律和社会监督的机制。

A. 安全第一　　B. 预防为主　　C. 综合治理　　D. 质量第一

3. 预制墙板的竖向固定方式通常采用存储架来固定，固定架有多种方式，可分为（　　）和（　　）。

A. 移动式存储架　　B. 固定式存储架　C. 模块式存储架　　D. 立式存储架

4. 预制构件堆放存储通常可采用（　　）两种方式。

A. 平面堆放　　B. 竖向固定　　C. 斜向固定　　D. 随意堆放

三、判断题

1. 横吊梁俗称铁扁担、扁担梁，常用于梁、柱、墙板、叠合板等构件的吊装。（　　）

2. 预制构件脱模起吊时，预制构件的混凝土立方体抗压强度应满足设计要求，且不应小于 15N/mm^2。（　　）

四、问答题

1. 预制墙板的竖向固定方式通常采用存储架来固定，固定架有几种形式？

2. 预制叠合板的固定方式有哪些？

3. 预制叠合梁的固定方式有哪些？

模块三

预制构件的吊装

【知识目标】

- 了解预制构件吊装设备类型。
- 熟悉预制构件吊装条件。
- 掌握竖向构件吊装要点。
- 掌握水平构件吊装要点。

【技能目标】

- 能够编制预制构件吊装的技术交底。
- 会选择合适的吊装机械设备，并依据现场吊装规章制度进行构件吊装。
- 会查阅各种相关的规范、图集和规程，能够正确领会并执行国家有关建筑施工规范、规程和标准。
- 能利用所学专业知识解决预制构件吊装中遇到的一般技术问题。

【素质目标】

- 养成创新思维和严谨的科学态度，保持终身学习的兴趣，具有强烈的爱国热情。
- 引导学生将自身发展与行业特点紧密联系，具备较强的吊装设备选择能力及协调能力。
- 树立爱岗敬业、诚实守信、团结协作、不忘初心的品质，具有吊装施工安全意识。

单元一　吊装设备的选择

一、起重吊装设备的选择

根据装配式混凝土结构工程的施工要求，合理选择并配备吊装设备。为了实现预制构件存放便利、吊装快捷、就位准确、安全可靠，根据预制构件存放、安装和连接的要求，确定安装使用的机具方案。

装配式建筑吊装主体结构预制构件时要选择合适的起重机械，主要从起重量、作业半径（最大半径和最小半径）、起重高度等因素来考虑。装配式混凝土工程中选用的起重机械，根据设置形态可以分为固定式和移动式，施工时要根据施工场地和建筑物形状进行灵活选择。

根据预制混凝土构件的运输路径和起重机所需施工空间等要素，选择汽车起重机、移动式的履带起重机或固定式的塔式起重机。

（1）汽车起重机（图 3-1） 汽车起重机是以汽车为底盘的动臂起重机，主要优点是机动灵活。在装配式工程中，主要用于低层钢结构吊装和外墙吊装，现场构件二次倒运，塔式起重机或履带吊的安装与拆卸等。

图 3-1 汽车起重机

图 3-2 履带起重机

（2）履带起重机（图 3-2） 履带起重机也是一种动臂起重机，机动性不如汽车起重机，其动臂可以加长、起重量大，并在起重力矩允许的情况下可以吊重行走。在装配式结构建筑工程中，主要针对大型公共建筑的大型预制构件的装卸和吊装，大型塔式起重机的安装与拆卸，塔式起重机难以覆盖的吊装死角的吊装等。

（3）塔式起重机（图 3-3） 目前，用于建筑工程的塔式起重机按架设方式分为固定式、附着式、内爬式三种，按变幅形式分为小车变幅和动臂变幅两种。

(a) 固定式塔式起重机

(b) 施工现场安装塔式起重机

图 3-3 塔式起重机

装配式结构，首先要满足起重高度的要求，塔式起重机的起重高度 = 建筑物高度 + 安全吊装高度 + 预制构件最大高度 + 索具高度。塔式起重机的型号决定了塔式起重机的臂长幅度，布置塔式起重机时，塔臂应覆盖堆场构件，避免出现覆盖盲区，减少预制构件的二次搬运。在塔式起重机的选型中应结合塔式起重机的尺寸及起重量荷载的特点，重点考虑工程施工过程中最重的预制构件对塔式起重机吊运能力的要求，应根据其存放的位置、吊运的部位、与塔式起重机中心的距离，确定该塔式起重机是否具备相应的起重能力。起重量 × 工作幅度 = 起重力矩。确定塔式起重机方案时应留有余地，一般实际起重力矩在额定起重力矩的 75% 以下。塔式起重机与外脚手架的距离应该大于 0.6m；当群塔施工时，两台塔式起重机的水平吊臂间的安全距离应大于 2m，一台塔式起重机的水平吊臂和另一台塔式起重机的塔身的安全距离也应大于 2m。塔式起重机臂长是指塔身中心到起重小车吊钩中心的距离。塔式起重机臂长随着小车的行走而变化，随着塔式起重机臂长的变化，塔式起重机的起重能力也是变化的。

对于装配式建筑，当采用附着式塔式起重机时，必须提前考虑附着锚固点的位置。附着锚固点应该选择在剪力墙边缘构件后浇混凝土部位，并考虑加强措施。

内爬式塔式起重机简称内爬吊，是一种安装在建筑物内部电梯井或楼梯间里的塔机，可以随施工进程逐步向上爬升。除专用内爬塔式起重机外，一般自升式塔式起重机通过更换爬升系统以及改造、增加一些附件，也可用作内爬吊。对于装配式建筑工程，内爬吊能够对所有装配式构件的吊装进行全覆盖。

（4）吊具的选择　装配式建筑预制混凝土构件常用的吊具主要有起吊扁担、专用吊件、手拉葫芦等，常用吊索有钢丝绳等。吊具应按现行国家相关标准的有关规定进行设计验算或试验检验，经验证合格后方可使用；应根据预制构件的形状、尺寸及重量要求选择适宜的吊具，在吊装过程中，吊索水平夹角不宜小于 60°，且不应小于 45°；尺寸较大或形状复杂的预制构件应选择设置有分配梁或分配桁架的吊具，并应保证吊车主钩位置、吊具及构件重心在竖直方向重合。

吊具、吊索的使用应符合施工安装的安全规定。预制构件起吊时的吊点合力应与构件重心重合，宜采用标准吊具均衡起吊就位，吊具可采用预埋吊环或埋置式接驳器的形式。专用内埋式螺母或内埋吊杆及配套的吊具，应根据相应的产品标准和应用技术规定选用。

预制混凝土构件吊点应提前设计好，根据预留吊点选择相应的吊具。在起吊构件时，为了使构件稳定，不出现摇摆、倾斜、转动、翻倒等现象，应选择合适的吊具。无论采用几点吊装，始终要使吊钩和吊具的连接点的垂线通过被吊构件的重心，这直接关系到吊装结果和操作的安全性。

吊具的选择必须保证被吊构件不变形、不损坏，起吊后不转动、不倾斜、不翻倒。吊具的选择应根据被吊构件的结构、形状、体积、重量、预留吊点以及吊装的要求，结合现场作业条件，确定合适的吊具。吊具选择必须保证吊索受力均匀。

各承载吊索间的夹角一般不应大于 60°，其合力作用点必须保证与被吊构件的重心在同一条铅垂线上，保证吊运过程中吊钩与被吊构件的重心在同一条铅垂线上。在说明中提供吊装图的构件，应按吊装图进行吊装。在异型构件装配时，可采用辅助吊点配合简易吊具调节物体所需位置的吊装法。

二、人货两用电梯的选择

附着式人货两用电梯是装配式混凝土建筑施工中经常使用的施工机械，附着在建筑物外墙或其他建筑物结构上，既舒适又安全，是施工现场唯一一种可以载人机械。使用时结合装配式建筑的载重高度、载重量等因素来进行选择。如图 3-4 所示为人货两用施工电梯。

三、装配式结构外挂三脚防护脚手架的选择

（1）高层住宅项目的施工必须搭设外脚手架，并且做严密的防护。而装配整体式高层建筑采用外挂三角防护脚手架（简称为“外挂三脚架”），安全、实用地满足了施工要求。如图 3-5 所示为外挂三脚架。

图 3-4 人货两用施工电梯

图 3-5 外挂三脚架

（2）外挂三角防护脚手架安全注意事项。

① 把好材料质量关，避免使用质量不合格的架设工具和材料，脚手架使用的钢管、卡扣、外挂三脚架及穿墙螺栓等必须符合施工技术规定的要求。外挂三脚架之间用钢管扣件连接牢固，避免挂架转动，保证挂架的稳定性。

② 严格按照施工方案规定的尺寸进行搭设，并确保节点连接达到要求：操作平台要铺满、铺平脚手板，并用 12 号钢丝绑牢，不得有探头板；要有可靠的安全防护措施，其中包括两道护身栏，作业层的外侧面应设密目安全网，安全网应用钢丝与脚手架绑扎牢固，架子外侧应设挡脚板，挡脚板高度应不低于 18cm；搭设完毕后和每次外防护架提升后应进行检查验收，检查合格后方可使用。

③ 外防护架允许的负荷最大不得超过 2.22kN/m，脚手架上严禁堆放物料，严禁将模板支设在脚手架上，人员不得集中停留。

④ 应严格避免以下违章作业：利用脚手架吊运重物，非架子工的其他作业人员攀登架子上下，推车在架子上跑动，在脚手架上拉结吊装缆绳，随意拆除脚手架部件和连墙杆件，起吊构件和器材时碰撞或扯动外防护架，提升时架子上站人。

⑤ 六级以上大风、大雾、大雨和大雪天气应暂停外防护架作业面施工。雨、雪过后，

上外防护架平台操作要采取防滑措施。

⑥ 经常检查穿墙拉杆、安全网、外架吊具是否损坏，松动时必须及时更换。

四、建筑吊篮的选择

（1）装配式建筑由于使用“三明治”，即夹芯保温外墙板，取消了外墙外保温、抹灰等大量的室外作业及外脚手架和防护，但仍然存在板缝防水打胶、涂料等少量的高空作业。高空作业中必不可少的就是建筑吊篮，因此选择合适且安全的建筑吊篮至关重要，其关系到高空作业者的人身安全问题。如图 3-6 所示为电动吊篮。

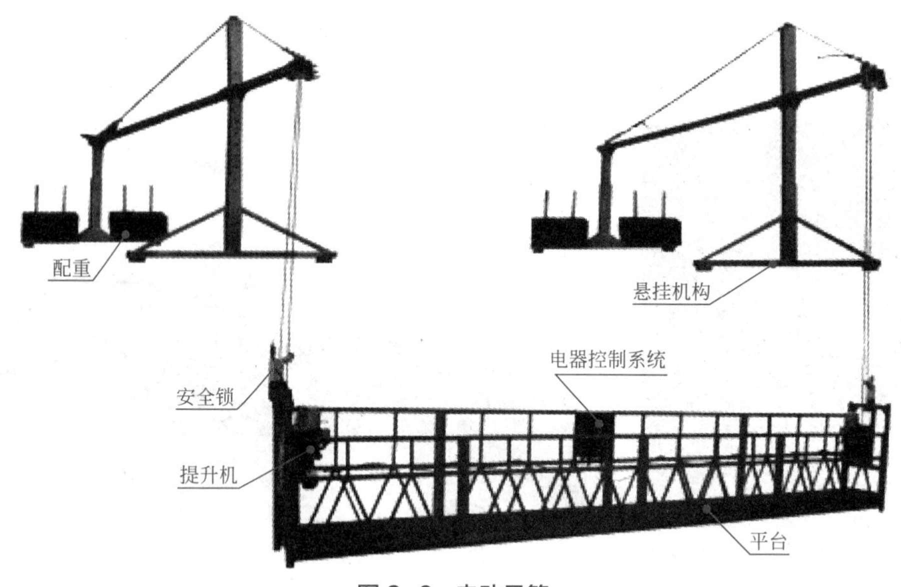

图 3-6　电动吊篮

在选择建筑吊篮时，应根据工程施工方案所确定的参数，选取具体的吊篮型号。选定型号时，应比较吊篮的主要机构，即升降（爬升）机构、安全锁、作业平台（吊篮本体）、悬挂机构、电气操纵系统和安全装置的优劣和可靠性。

对建筑吊篮生产厂考查时的具体操作项目包括：查看厂家的钢材测试报告、升降机构的制造和篮体焊接工艺流程；考查该厂质保体系的运作情况和产品售后服务；检查钢丝绳、安全锁、电器等主要配套件的生产合格证；必要时还需进一步考查配套生产厂的产品质量控制状况。

（2）吊篮是一种悬空提升载人机具，在使用吊篮进行施工作业时必须严格遵守使用安全规则。

① 吊篮操作人员必须经过培训，考核合格后取得有效证明方可上岗操作。吊篮必须由指定人员操作，严禁未经培训人员或未经主管人员同意擅自操作吊篮。

② 作业人员作业时需佩戴安全帽和安全带，安全带上的自动锁扣应扣在单独牢固固定在建（构）筑物上的悬挂生命绳上。

③ 作业人员在酒后、过度疲劳、情绪异常时不得上岗作业。

3-1 垂直起重设备及用具的选用与准备

④ 双机提升的吊篮必须由两名以上人员进行操作作业，严禁单人升空作业。

⑤ 作业人员不得穿硬底鞋、塑料底鞋、拖鞋或其他滑的鞋子进行作业，作业时严禁在悬吊平台内使用梯、搁板等攀高工具和在悬吊平台外另设吊具进行作业。

⑥ 作业人员必须在地面进出吊篮，不得在空中攀缘窗户进出吊篮，严禁在悬空状态下从一悬吊平台攀入另一悬吊平台。

五、灌浆设备与用具的选择

灌浆设备主要有用于搅拌注浆料的手持式电钻搅拌机，用于计量水和注浆料的电子秤和量杯，用于灌浆的灌浆泵，用于湿润接触面的水枪。灌浆器包括电动和手动的，电动的有泵管挤压灌浆泵、螺旋灌浆泵、气动灌浆泵。

灌浆用具主要有用于盛水、试验流动度的量杯，用于流动度试验用的圆截锥试模和钢化玻璃板，用于盛水、盛注浆料的大小水桶，用于把木头塞打进注浆孔的铁锤，以及小铁锹、剪刀、扫帚等。

单元二　竖向构件的吊装

一、预制构件施工吊装一般规定

装配式混凝土建筑应结合设计、生产、装配一体化的原则整体策划，协同建筑、结构、机电、装饰装修等专业要求，制订施工组织设计。施工单位应根据装配式混凝土建筑工程特点配置机构和人员。施工作业人员应具备岗位需要的基础知识和技能，施工单位应对管理人员、施工作业人员进行质量安全技术交底。装配式混凝土建筑施工宜采用工具化、标准化的工装系统。装配式混凝土建筑施工宜采用建筑信息模型技术对施工全过程及关键工艺进行信息化模拟。

装配式混凝土建筑施工前，宜选择有代表性的单元进行预制构件试安装，并应根据试安装结果及时调整施工工艺、完善施工方案。装配式混凝土建筑施工中采用的新技术、新工艺、新材料、新设备，应按有关规定进行评审、备案。施工前，应对新的或首次采用的施工工艺进行评价，并应制订专门的施工方案。施工方案经监理单位审核批准后实施。装配式混凝土建筑施工过程中应采取安全措施，并应符合国家现行有关标准的规定。

二、预制构件施工吊装准备工作

装配式混凝土结构施工应制订专项方案。专项施工方案宜包括工程概况、编制依据、进度计划、施工场地布置、预制构件运输与存放、安装与连接施工、绿色施工、安全管理、质量管理、信息化管理、应急预案等内容。预制构件、安装用材料及配件等应符合国家现行有关标准及产品应用技术手册的规定，并应按照国家现行相关标准的规定进行进场验收。

（1）施工现场应根据施工平面规划设置运输通道和存放场地，并应符合下列规定：

① 现场运输道路和存放场地应坚实平整，并应有排水措施；

② 施工现场内道路应按照构件运输车辆的要求合理设置转弯半径及道路坡度；

③ 预制构件运送到施工现场后，应按规格、品种、使用部位、吊装顺序分别设置存放场地，存放场地应设置在吊装设备的有效起重范围内，且应在堆垛之间设置通道；

④ 构件的存放架应具有足够的抗倾覆性能；

⑤ 构件运输和存放对已完成结构、基坑有影响时，应经计算复核。

（2）安装施工前，应进行测量放线、设置构件安装定位标识。测量放线应符合现行国家标准《工程测量标准》（GB 50026—2020）的有关规定。安装施工前，应核对已施工完成结构、基础的外观质量和尺寸偏差，确认混凝土强度和预留预埋符合设计要求，并应核对预制构件的混凝土强度及预制构件和配件的型号、规格、数量等是否符合设计要求。安装施工前，应复核吊装设备的吊装能力。应按现行行业标准《建筑机械使用安全技术规程》（JGJ 33—2012）的有关规定，检查复核吊装设备及吊具处于安全操作状态，并核实现场环境、天气、道路状况等是否满足吊装施工要求。防护系统应按照施工方案进行搭设、验收，并应符合下列规定：

① 工具式外防护架应试组装并全面检查，附着在构件上的防护系统应复核其与吊装系统是否协调；

② 防护架应经计算确定；

③ 高处作业人员应正确使用安全防护用品，宜采用工具式操作架进行安装作业。

三、预制柱的吊装

1.预制柱的吊装施工工艺流程

预制柱进场验收→预制柱安装位置测量放线→预制柱底部坐浆封边→预制柱吊装→预留钢筋就位→预制柱定位校正→预制柱临时固定→灌浆连接→灌浆封堵。

2.预制柱吊装操作要点

（1）预制柱进场验收　检查进场预制柱的尺寸、规格、混凝土的强度是否符合设计和规范要求；检查柱上预留套管及预留钢筋是否满足图纸要求，套管内是否有杂物。同时做好记录，并与现场预留套管的检查记录进行核对。

（2）预制柱安装位置测量放线　根据结构施工图纸，确定预制柱平面各轴的控制线和柱边线，校核预埋套管位置的偏移情况，并做好记录。若预制柱有小距离的偏移，需借助就位设备进行调整，无问题方可进行吊装。

（3）预制柱底部坐浆封边　在预制柱柱脚四周采用坐浆材料封边，形成密闭灌浆腔，同时要保证在最大灌浆压力（约 1MPa）下密封有效。

（4）预制柱吊装　预制柱宜按照角柱、边柱、中柱顺序进行安装，与现浇部分连接的柱宜先行吊装。预制柱的就位以轴线和外轮廓线为控制线，对于边柱和角柱，应以外轮廓线控制为准。就位前应设置柱底调平装置，控制柱的安装标高。吊装前在预制柱四角放置金属垫块，以便于预制柱的垂直度校正，按照设计标高，结合柱子长度对偏差进行确认。用经纬仪控制垂直度，若有少许偏差，可运用千斤顶等进行调整。如图 3-7 所示为预制柱吊装。

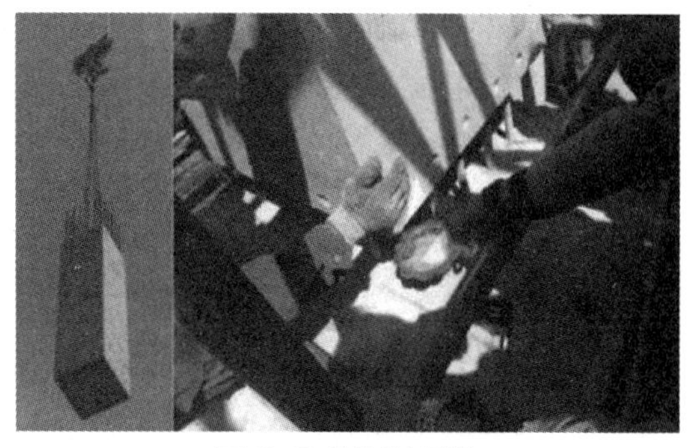

图 3-7 预制柱吊装

温馨提示：预制构件吊装应根据当天的作业内容进行班前技术安全交底；预制构件应按照吊装顺序预先编号，吊装时严格按编号顺序起吊；预制构件在吊装过程中，宜设置缆风绳控制构件转动。

（5）预留钢筋就位　预制柱初步就位时，应将预制柱下部钢筋套筒与下层预制柱的预留钢筋初步试对，无问题后准备进行固定。如图 3-8 所示为柱钢筋定位措施。

图 3-8 柱钢筋定位措施

（6）预制柱定位校正　预制构件吊装就位后，应及时校准并采取临时固定措施。预制柱竖向构件安装后，应对安装位置、安装标高、垂直度进行校核与调整。

（7）预制柱临时固定　临时固定措施、临时支撑系统应具有足够的强度、刚度和整体稳固性，应按现行国家标准《混凝土结构工程施工规范》（GB 50666—2011）的有关规定进行验算。预制柱与吊具的分离应在校准定位及临时支撑安装完成后进行。预制柱的临时支撑不宜少于 2 道；对预制柱的上部斜支撑，支撑点距离板底的距离不宜小于构件高度的 2/3，且不应小于构件高度的 1/2；斜支撑应与构件可靠连接；构件安装就位后，可通过临时支撑对构件的位置和垂直度进行微调。

（8）灌浆连接　预制柱接头采用灌浆套筒连接，要用灌浆泵（枪）从接头下方的灌浆孔处向套筒内压力灌浆，特别注意正常灌浆浆料要在自加水搅拌开始的 20 ~ 30min 内灌完，以尽量保留一定的操作应急时间。

温馨提示：同一分仓区域只能设置一个灌浆孔灌浆，不能同时选择两个及以上孔灌浆；同一分仓区域应连续灌浆，不得中途停顿，如果中途停顿，再次灌浆时，应保证已灌入的浆料有足够的流动性，还需要将已经封堵的出浆孔打开，待灌浆料再次流出后逐个封堵出浆孔。

（9）灌浆封堵　接头灌浆时，待接头上方的排浆孔流出浆料后，及时用专用橡胶塞封堵。灌浆泵（枪）口撤离灌浆孔时，也应立即封堵。通过水平缝连通腔一次向构件的多个接头灌浆时，应按浆料排出先后依次封堵灌浆排浆孔，封堵时灌浆泵（枪）一直保持灌浆压力，直至所有灌排浆孔出浆并封堵牢固后再停止灌浆。如有漏浆须立即补灌损失的浆料。在灌浆完成后至浆料凝结前，应巡视检查已灌浆的接头，如有漏浆及时处理。

四、预制剪力墙板的吊装

1.预制剪力墙板的吊装施工工艺流程

预制剪力墙板进场验收→预制剪力墙板安装位置测量放线→墙体纵向钢筋的定位及复核→预制剪力墙板底部坐浆封边→预制剪力墙板吊装→预留钢筋就位→预制剪力墙板定位校正→预制剪力墙板临时固定→灌浆料制作→灌浆连接→灌浆封堵。

2.预制剪力墙板吊装操作要点

（1）预制剪力墙板进场验收　同预制柱进场验收。

（2）预制剪力墙板安装位置测量放线　先放出墙体外边四周控制轴线，并保证外墙大角在转角处成 90°，再放出每片预制混凝土墙体的位置控制线及抄平每片墙体的标高控制块，每片墙体下的标高控制块不少于 2 块。根据结构施工图纸，确定预制剪力墙板平面各轴的控制线和预制剪力墙板边线，校核预埋套管位置的偏移情况并做好记录。若预制剪力墙板有小距离的偏移，需借助就位设备进行调整，无问题方可进行吊装。

温馨提示：装配式剪力墙结构测量、安装、定位主要包括以下内容。每层楼面轴线垂直控制点不应少于 4 个，楼层上的控制轴线应使用经纬仪由底层原始点直接向上引测。每个楼层应设置 1 个引程控制点。预制构件控制线应由轴线引出，每块预制构件应有纵、横控制线各 2 条。预制外墙板安装前，应在墙板内侧弹出竖向线与水平线，安装时应与本楼层该墙板的控制线相对应。

（3）墙体纵向钢筋的定位及复核　墙体定位钢筋应该严格按设计要求进行加工，同时，为了保证预制墙体吊装时能更快插入连接套筒中，所有定位钢筋插入段必须采用砂轮切割机切割，严禁使用钢筋切断机切断。切割后应保证插入端无切割毛刺。为保证预制墙体定位插筋位置准确，可以采用钢筋定位措施件预绑和钢筋定位措施件调整准确定位。钢筋定位措施件如图 3-9 所示。在吊装前，定位钢筋位置的准确性还应再认真地复查一遍。浇筑混凝土前应该将定位钢筋插入端全部用塑料管包敷，避免被混凝土沾挂污染，待上部墙板吊装安放前拆除。

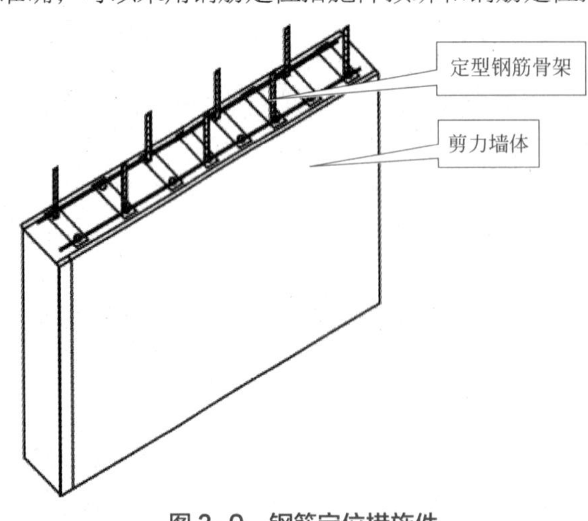

图 3-9　钢筋定位措施件

（4）预制剪力墙板底部坐浆封边　坐浆时坐浆区域需运用等面积法计算出三角形区域面积。

采用灌浆套筒连接、浆锚搭接连接的夹芯保温外墙板应在保温材料部位采用弹性密封材料进行封堵。采用灌浆套筒连接、浆锚搭接连接的墙板需要分仓灌浆时，应采用坐浆料进行分仓。多层剪力墙采用坐浆时应均匀铺设坐浆料，坐浆料强度应满足设计要求。铺设坐浆料封边时，要将楼板上预制剪力墙板安装位置洒水湿润，楼板上、墙板下放好垫块，垫块可保证墙板底标高的正确。由于坐浆料通常在 1h 内初凝，所以吊装必须连续作业，相邻墙板的调整工作必须在坐浆料初凝前进行。

温馨提示：坐浆料坍落度不宜过高，一般在市场购买强度等级为 40 ~ 60MPa 的灌浆料使用小型搅拌机（容积可容纳一包料即可）加适量的水搅拌而成，不宜调制过稀，必须保证坐浆完成后呈中间高、两端低的形状。在坐浆料采购前，需要与厂家约定浆料内粗集料的最大粒径为 4 ~ 5mm，且坐浆料必须具有微膨胀性。坐浆料的强度等级应比相应的预制墙板混凝土的强度提高一个等级。为防止坐浆料填充到外叶板之间，在苯板处补充 50mm × 20mm 的苯板堵塞缝隙。

（5）预制剪力墙板吊装　预制构件在吊装过程中应保持稳定，不得偏斜、摇摆和扭转。吊装时，须采用带倒链的扁担式吊装设备，加设缆风绳。与现浇部分连接的墙板宜先行吊装，其他宜按照外墙先行吊装的原则进行吊装。吊装时，要顺着吊装前所弹墨线缓缓下放墙板，吊装经过的区域下方设置警戒区，施工人员应撤离，由信号工指挥，待构件下降至作业面 1m 左右高度时施工人员方可靠近操作，以保证操作人员的安全。墙板下放好金属垫块，垫块保证墙板底标高的准确（也可提前在预制墙板上安装定位角码，顺着定位角码的位置安放墙板）。若墙板底部局部套筒未对准时，可使用倒链将墙板手动微调，重新对孔。底部没有灌浆套筒的外填充墙板可直接顺着角码缓缓放下。垫板造成的空隙可用坐浆方式填补。如图 3-10 所示为预制剪力墙板吊装。

图 3-10　预制剪力墙板吊装

图 3-11　预制剪力墙板临时固定

（6）预留钢筋就位　预制剪力墙板初步就位时，应将下部钢筋套筒与下层预制剪力墙板的预留钢筋初步试对，无问题后才能开始进行固定的准备工作。

3-2 预制墙板吊装

（7）预制剪力墙板定位校正　预制构件吊装就位后，应及时校准并采取临时固定措施。若墙板底部局部套筒未对准时，可使用倒链将墙板手动微调、对孔。底部没有灌浆套筒的外填充墙板可直接顺着角码缓缓放下。预制剪力墙板安装就位后应设置可调斜撑临时固定，其后测量预制墙板的水平位置、垂直度、高度等，若有误差，可通过墙底垫片、临时斜支撑进行调整。

（8）预制剪力墙板临时固定　临时固定措施、临时支撑系统应具有足够的强度、刚度和整体稳固性，应按现行国家标准《混凝土结构工程施工规范》（GB 50666—2011）的有关规定进行验算。预制墙板与吊具的分离应在校准定位及临时支撑安装完成后进行。预制墙板的临时支撑不宜少于 2 道；对预制墙板的上部斜支撑，其支撑点距离板底的距离不宜小于构件高度的 2/3，且不应小于构件高度的 1/2；斜支撑应与构件可靠连接；构件安装就位后，可通过临时支撑对构件的位置和垂直度进行微调。如图 3-11 所示为预制剪力墙板临时固定。

（9）灌浆料制作 灌浆料与水拌和，以重量计，加水量与干料量为标准配合比，拌和用水必须经称量后方可加入（注：拌和用水采用饮用水，水温控制在 20℃以下，尽可能现取现用）。为使灌浆料的拌和比例准确并且在现场施工时能够便捷地进行灌浆操作，现场使用量筒作为计量容器，根据灌浆料使用说明书加入拌和用水。先在搅拌桶内加入一定量的水，搅拌机、搅拌桶就位后，将灌浆料倒入搅浆桶内加水搅拌，加入总水量的约 80% 搅拌 3 ~ 4min 后，再加所剩约 20% 的水，搅拌均匀后静置稍许，排气，然后进行灌浆作业。灌浆料通常可在 5 ~ 40℃使用。为避开夏季一天内温度过高时间、冬季一天内温度过低时间，保证灌浆料现场操作时所需的流动性，延长灌浆的有效操作时间，灌浆料初凝时间约为 15min，夏季灌浆操作时，要求灌浆班组在上午十点之前、下午三点之后进行，并且要保证灌浆料及灌浆器具不受太阳光直射。在灌浆操作前，可对将与灌浆料接触的构件洒水降温，改善由构件表面温度过高、构件过于干燥产生的问题，并保证在最快时间完成灌浆；冬期要求室外温度高于 5℃时才可进行灌浆操作。

搅拌时间从开始投料到搅拌结束应不少于 3min，应按产品使用要求计量灌浆料和水的用量并搅拌均匀，搅拌时叶片不得提至浆料液面之上，以免带入空气；拌制时需要按照灌浆料使用说明的要求进行，严格控制水料比、拌制时间，搅拌完成后应静置 3 ~ 5min，待气泡排除后方可进行施工。灌浆料拌合物应在制备后 0.5h 内用完，灌浆料拌合物的流动度应满足现行国家相关标准和设计要求。

（10）灌浆连接 在预制墙板校正后、预制墙板两侧现浇部分合模前进行灌浆操作。采用专用的灌浆机进行灌浆，该灌浆机使用一定的压力，由墙体下部中间的灌浆孔进行灌浆，灌浆料先流向墙体下部 20mm 找平层，当找平层灌浆注满后，灌浆料由上部排气孔溢出时，立即用木塞子进行封堵。该墙体所有孔洞均溢出浆料后，视为该面墙体灌浆完成。灌浆施工时环境温度应在 5℃以上，必要时，应对连接处采取保温加热措施，保证浆料在 48h 凝结硬化过程中连接部位的温度不低于 10℃。灌浆完毕后立即清洗搅拌机、搅拌桶、灌浆筒等器具，以免灌浆料凝固、清理困难，注意灌浆筒每灌注完成一筒后需清洗一次，清洗完毕后方可再次使用。灌浆作业完成后 12h 内，构件和灌浆连接接头不应受到振动或冲击作用。如图 3-12 所示预制剪力墙板灌浆连接。

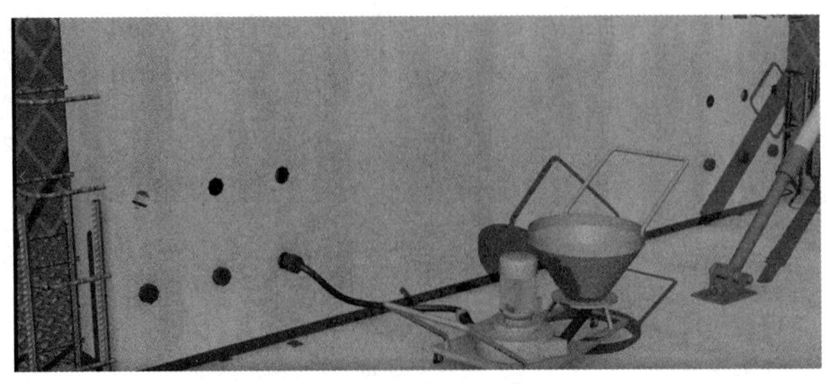

图 3-12 预制剪力墙板灌浆连接

（11）灌浆封堵　接头灌浆时，待接头上方的排浆孔流出浆料后，及时用专用橡胶塞封堵。灌浆泵（枪）口撤离灌浆孔时，也应立即封堵。通过水平缝连通腔一次向构件的多个接头灌浆时，应按浆料排出先后依次封堵灌浆排浆孔，封堵时灌浆泵（枪）要一直保持灌浆压力，直至所有灌浆、排浆孔出浆并封堵牢固后再停止灌浆。如有漏浆须立即补灌损失的浆料。在灌浆完成、浆料凝结前，应巡视检查已灌浆的接头，如有漏浆及时处理。

3-3 预制墙板安装及支撑施工

单元三　水平构件的吊装

一、预制梁的吊装

1.预制梁的吊装施工工艺流程

预制梁进场验收→预制梁安装位置测量放线→支设梁底支撑→预制梁吊装→预制梁安装质量检查→预制梁接头连接。

2.预制梁吊装操作要点

（1）预制梁进场验收　检查进场预制梁的尺寸、规格，混凝土的强度是否符合设计和规范要求，检查梁上预留套管及预留钢筋是否满足图纸要求，套管内是否有杂物，同时做好记录，并与现场预留套管的检查记录进行核对。

（2）预制梁安装位置测量放线　根据结构施工图纸，测量柱顶与梁底标高误差，在已经安装的预制柱上弹出梁板控制线。

（3）支设梁底支撑　梁底支撑由立杆支撑、可调顶托、100mm×100mm 木方组成，预制梁的标高通过支撑体系的顶丝来调节。梁底采用临时支撑时，首层支撑架体的地基应平整坚实，宜采取硬化措施。临时支撑的间距及其与墙、柱、梁边的净距应经设计计算确定，竖向连续支撑层数不宜少于 2 层且上下层支撑宜对准。

（4）预制梁吊装　梁起吊时，用吊索钩住扁担梁的吊环，吊索应有足够的长度以保证吊索和扁担梁之间的角度≥60°。当梁初步就位后，借助两侧柱头上的梁定位线将梁精确校正，在调平同时将下部可调支撑上紧，这时方可松去吊钩。主梁吊装结束后，根据柱上已放出的梁边和梁端控制线，检查主梁上的次梁缺口位置是否正确，如不正确，需做相应处理后方可吊装次梁，梁在吊装过程中要按柱对称吊装。

（5）预制梁安装质量检查　安装顺序宜遵循先主梁后次梁、先低后高的原则。安装前，应测量并修正临时支撑标高，确保与梁底标高一致，并在柱上弹出梁边控制线，安装后根据控制线进行精密调整。安装前，应复核柱钢筋与梁钢筋的位置、尺寸，对梁钢筋与柱钢筋位置有冲突的，应按经设计单位确认的技术方案调整。安装时梁伸入支座的长度与搁置长度应符合设计要求。安装就位后应对水平度、安装位置、标高进行检查。叠合梁的临时支撑，应在后浇混凝土强度达到设计要求后方可拆除。叠合构件、预制梁等水平构件安装后应对安装位置、安装标高进行校核与调整。预制梁构件安装后，应对相邻预制构件平整度、高低差、拼缝尺寸进行校核与调整。

（6）预制梁接头连接　预制梁与叠合板、预制柱柱头接头连接，键槽混凝土浇筑前应将键槽内的杂物清理干净，并提前 24h 浇水湿润。键槽钢筋绑扎时，为确保钢筋位置的准确，键槽预留 U 形开口箍，待梁柱钢筋绑扎完成，在键槽上安装∩形开口箍与原预留 U 形开口箍双面焊接 5d（d 为钢筋直径）。如图 3-13 ~图 3-15 所示为预制梁吊装、就位、标高调整。

图 3-13　预制梁吊装

图 3-14　预制梁就位

图 3-15　预制梁标高调整

二、预制叠合楼板的吊装

1.预制叠合楼板的吊装施工工艺流程

预制叠合楼板进场验收→预制叠合楼板安装位置测量放线→支设叠合楼板底支撑→预制叠合楼板吊装→预制叠合楼板安装质量检查。

2.预制叠合楼板吊装操作要点

（1）预制叠合楼板进场验收　进场验收主要检查资料和外观质量，防止在运输过程中发生损坏现象。预制叠合板进入工地现场前，应夯实平整堆放场地，并应防止地面不均匀下沉。预制带肋底板应按照不同型号、规格分类堆放。预制带肋底板应采用板肋朝上叠放的堆放方式，严禁倒置，各层预制带肋底板下部应设置垫木，垫木应上下对齐，不得脱空。

（2）预制叠合楼板安装位置测量放线　在每条吊装完成的梁或墙上测量并弹出相应预制板四周控制线，并在构件上标明每个构件所属的吊装顺序和编号，便于吊装人员辨认。

（3）支设叠合楼板底支撑　叠合楼板构件安装采用临时支撑时，首层支撑架体的地基应平整坚实，宜采取硬化措施。临时支撑的间距及其与墙、柱、梁边的净距应经设计计算确定，竖向连续支撑层数不宜少于 2 层且上下层支撑宜对准。在叠合板两端部位设置临时可调节支撑杆，板下支撑间距不大于 3.3m，当支撑间距大于 3.3m 且板面施工荷载较大时，需在预制板中间加设支撑。

（4）预制叠合楼板吊装　在可调节顶撑上架设木方，调节木方顶面至板底设计标高，开始吊装预制楼板。预制带肋底板的吊点位置应合理设置，起吊就位应垂直平稳，两点起吊或多点起吊时吊索与板水平面所成夹角不宜小于 60°，不应小于 45°。吊装应顺序连续进行，板吊至柱上方 3 ~ 6cm 后，调整板位置使锚固筋与梁箍筋错开，便于就位，板边线基本与控制线吻合。将预制楼板坐落在木方顶面，及时检查板底与预制叠合梁的接缝是否到位、预制楼板钢筋入墙长度是否符合要求，直至吊装完成。

3-4 预制叠合楼板吊装施工

（5）预制叠合楼板安装质量检查　预制底板吊装完后应对板底接缝高差进行校核。当叠合板板底接缝高差不满足设计要求时，应将构件重新起吊，通过可调托座进行调节。预制底板的接缝宽度应满足设计要求。临时支撑应在后浇混凝土强度达到设计要求后方可拆除。当一跨叠合板吊装结束后，要根据叠合板四周边线及板柱上弹出的标高控制线对板标高及位置进行精确调整，误差控制在 2mm 以下。

单元四　小型构件的吊装

一、预制楼梯的吊装

1.预制楼梯的吊装施工工艺流程

预制楼梯进场验收→预制楼梯安装位置测量放线→预制楼梯吊装→预制楼梯安装→预制楼梯固定。

2.预制楼梯吊装操作要点

（1）预制楼梯进场验收　检查进场预制楼梯的尺寸、规格，混凝土的强度是否符合设计和规范要求，检查楼梯上预留套管及预留钢筋是否满足图纸要求，套管内是否有杂物。同时做好记录，并与现场预留套管的检查记录进行核对。

（2）预制楼梯安装位置测量放线　根据结构施工图纸，楼梯间周边梁板叠合后，测量并弹出相应楼梯构件端部和侧边的控制线。

（3）预制楼梯吊装　安装前，应检查楼梯构件平面定位及标高，并宜设置调平装置，调整索具铁链长度，使楼梯段休息平台处于水平位置。试吊预制楼梯板前，须检查吊点位置是否准确，吊索受力是否均匀等，同时试起吊高度不应超过 1m。楼梯吊至梁上方 30 ~ 50cm 后，调整楼梯位置，使上下平台锚固筋与梁箍筋错开，板边线基本与控制线吻合。根据楼梯控制线，用就位协助设备等将构件根据控制线精确就位，先保证楼梯两侧准确就位，再使用水平尺和导链调节楼梯至水平并固定。

（4）预制楼梯安装　楼梯侧面距结构墙体预留 30mm 空隙，为后续初装的抹灰层预留空间，梯井之间根据楼梯栏杆安装要求预留 40mm 空隙。在楼梯段上下口梯梁处铺 20mm 厚 C25 细石混凝土找平灰饼，找平层灰饼标高要控制准确。如图 3-16 ~ 图 3-18 所示为预制楼梯吊装、就位、吊装完成。

(a) 预制楼梯吊运

(b) 预制楼梯安装

图 3-16 预制楼梯吊装

图 3-17 预制楼梯就位

图 3-18 预制楼梯吊装完成

（5）预制楼梯固定 预制楼梯与支承构件之间宜采用简支连接。采用简支连接时，预制楼梯宜一端设置固定铰，另一端设置滑动铰，其转动及滑动变形能力应满足结构层间位移的要求，且预制楼梯端部在支承构件上的最小搁置长度应符合表 3-1 的规定。预制楼梯设置滑动铰的端部应采取防止滑落的构造措施。

表 3-1 预制楼梯在支承构件上的最小搁置长度

抗震设防烈度	6 度	7 度	8 度
最小搁置长度 /mm	75	75	100

预制楼梯固定，详见图 3-19 的预制楼梯固定铰端做法和图 3-20 的预制楼梯活动铰端做法。

二、预制外墙挂板的吊装

预制外墙挂板是安装在主体结构（一般为钢筋混凝土框架结构、框 - 剪结构、钢结构）

上起围护、装饰作用的非承重预制混凝土外墙板，按装配式结构的装配程序分类应该属于“后安装法”。

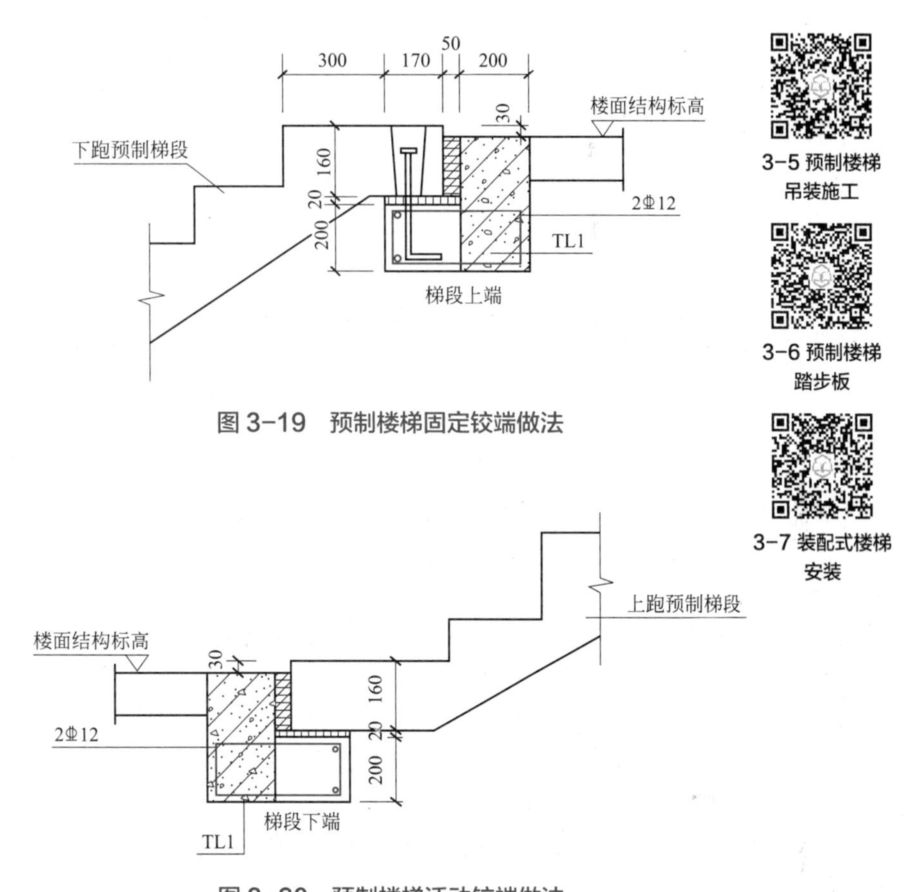

图 3-19　预制楼梯固定铰端做法

图 3-20　预制楼梯活动铰端做法

预制外墙挂板与主体结构的连接采用柔性连接构造，主要有点支撑和线支撑两种安装方式，按装配式结构的装配工艺分类，属于“干做法”。

1.预制外墙挂板的吊装施工工艺流程

预制外墙挂板进场验收→预制外墙挂板安装位置测量放线→预制外墙挂板吊装→预制外墙挂板质量检查→预制外墙挂板坐浆固定→预制外墙挂板缝隙防水密封处理。

2.预制外墙挂板吊装操作要点

（1）预制外墙挂板进场验收　进场外墙挂板应进行检查验收，不合格的构件不得安装使用，安装用连接件及配套材料应进行现场报验，复试合格后方可使用。主体结构预埋件应在主体结构施工时按设计要求埋设。外墙挂板安装前应在施工单位对主体结构和预埋件验收合格的基础上进行复测，对存在的问题应与施工、监理、设计单位进行协调解决。主体结构及预埋件施工偏差应符合《混凝土结构工程施工质量验收规范》（GB 50204—2015）的规定，垂直方向和水平方向最大施工偏差应该满足设计要求。

（2）预制外墙挂板安装位置测量放线　每层楼面轴线垂直控制点不应少于 4 个，楼层上的控制轴线应使用经纬仪由底层原始点直接向上引测。每个楼层应设置 1 个高程控制点。预制构件控制线应由轴线引出，每块预制构件应有纵横控制线2条。预制外墙挂板安装前应在墙板内侧弹出竖向与水平线，安装时应与该墙板控制线相对应。当采用饰面砖外装饰时，饰面砖竖向、横向砖缝应引测。贯通到外墙内侧来控制相邻板与板之间、层与层之间饰面砖砖缝对直。预制外墙板垂直度测量，4个角留设的测点为预制外墙板转换控制点，用靠尺在此4点内侧进行垂直度校核和测量。应在预制外墙板顶部设置水平标高点，在上层预制外墙板吊装时，应先垫垫块或在构件上预埋标高控制调节件。

（3）预制外墙挂板吊装　预制构件应按照施工方案吊装顺序预先编号，严格按照编号顺序起吊。吊装应采用慢起、稳升、缓放的操作方式，应系好缆风绳控制构件转动。在吊装过程中，应保持稳定，不得偏斜、摇摆和扭转。

温馨提示：外墙挂板的校核与偏差调整要求如下。

①预制外墙挂板侧面中线及板面垂直度的校核，应以中线为主进行调整。

②预制外墙挂板上下校正时，应以竖缝为主进行调整。

③墙板接缝应以满足外墙面平整为主，内墙面不平或翘曲时，可在内装饰或内保温层内调整。

3-8 预制混凝土外墙挂板的安装施工

④预制外墙挂板山墙阳角与相邻板的校正，以阳角为基准调整。

⑤预制外墙挂板拼缝平整的校核，应以楼地面水平线为准调整。

（4）预制外墙挂板质量检查　外墙挂板安装就位后应对连接节点进行检查验收，隐藏在墙内的连接节点必须在施工过程中及时做好隐检记录。外墙挂板均为独立自承重构件，应保证板缝四周为弹性密封构造，安装时，严禁在板缝中放置硬质垫块，避免外墙挂板通过垫块传力造成节点连接破坏。节点连接处露明铁件均应做防腐处理，对于焊接处镀锌层破坏部位必须涂刷三道防腐涂料防腐，有防火要求的铁件应采用防火涂料喷涂处理。

（5）预制外墙挂板坐浆固定　外墙挂板底部采用坐浆固定，外侧进行封堵处理。外墙挂板底部坐浆材料的强度等级不应小于被连接的构件强度，坐浆层的厚度不应大于20mm，底部坐浆强度检验以每层为一检验批，每工作班组应制作一组且每层不应少于3组边长为70.7mm的立方体试件，标准养护28d后进行抗压强度试验。为了防止外墙挂板外侧坐浆料外漏，应在外侧保温板部位固定50mm宽×20mm厚的具备A级保温性能的材料进行封堵。预制构件吊装到位后应立即进行下部螺栓固定并做好防腐防锈，以及上部预留钢筋与叠合板钢筋或框架梁预埋件的焊接。

（6）预制外墙挂板缝隙防水密封处理　采用板缝打胶进行处理，预制外墙挂板连接接缝防水节点基层及空腔排水构造做法符合设计要求。外侧竖缝及水平缝防水密封胶的注胶宽度、厚度应符合设计要求，防水密封胶应在预制外墙板校核固定后嵌填，先安放填充材料，然后注胶。防水密封胶应均匀、顺直，饱满、密实，表面光滑、连续。为防止密封胶施工时污染板面，打胶前应在板缝两侧粘贴美纹胶条，保证胶条上的胶不会转移到板面。外墙板“十”字缝处300mm范围内水平缝和垂直缝处的防水密封胶注胶要一次完成。板缝防水施工72h内要保持板缝处于干燥状态，禁止冬期气温低于5℃时或雨天进行板缝防水施工。

3-9 预制混凝土外墙挂板的接缝处理

三、预制阳台板、空调板的吊装

预制阳台板、空调板安装前，应检查支座顶面标高及支撑面的平整度。临时支撑应在后浇混凝土强度达到设计要求后方可拆除。

拓展知识一 预制构件的后浇混凝土连接方式

一、绑扎连接

钢筋绑扎连接（图 3-21）是指将两根钢筋通过细钢丝（一般采用 20 ~ 22 号镀锌钢丝或绑扎钢筋专用火烧丝）绑扎在一起的连接方式。钢筋绑扎连接的机理是钢筋的锚固，两段相互搭接的钢筋各自都锚固在混凝土里，搭接长度应符合现行国家相关规范的要求。

图 3-21 钢筋绑扎连接

3-10 预制钢筋加工

二、焊接

常用的钢筋焊接方法有电弧焊、闪光对焊、电渣压力焊、气压焊等。钢筋焊接应符合现行标准《钢筋焊接及验收规程》（JGJ 18—2012）的有关规定。

电弧焊可分为搭接焊、帮条焊、坡口焊、窄间隙焊和熔槽帮条焊 5 种接头型式，如图 3-22 所示。其中，搭接焊、帮条焊是钢筋电弧焊常用的焊接接头。

焊接在装配式结构中的应用如下：

（1）装配式混凝土结构中应用的主要是电弧焊焊接。根据焊接长度的不同，可分为单面焊和双面焊。根据作业方式的不同，可分为平焊和立焊。

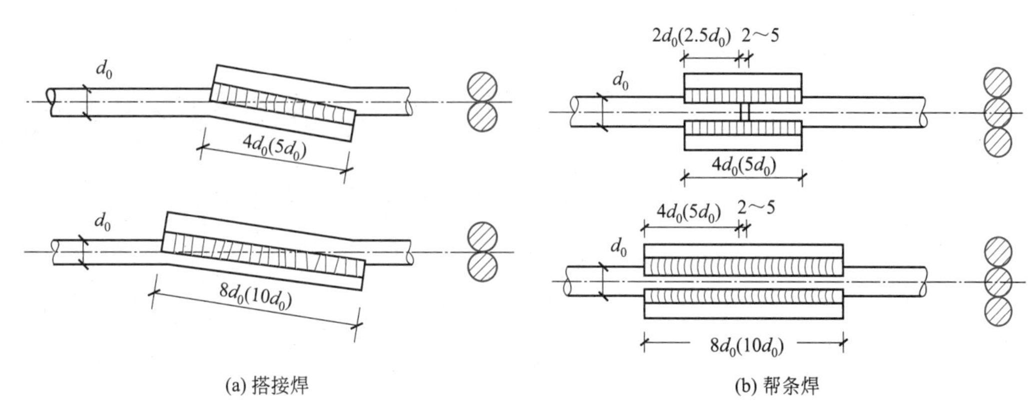

图 3-22

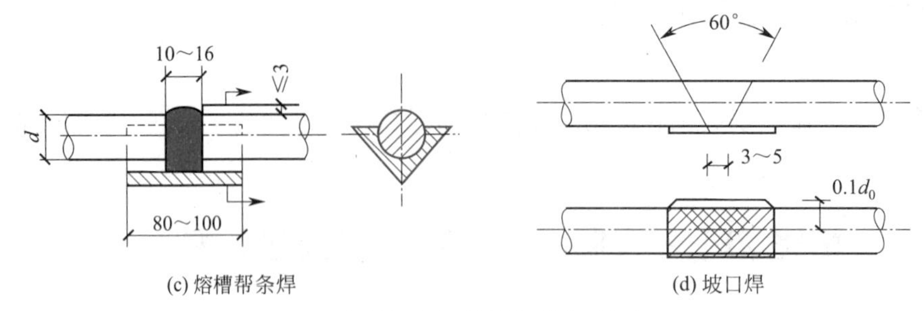

(c) 熔槽帮条焊　　(d) 坡口焊

图 3-22　电弧焊接头型式

（2）焊接连接应用于装配式框架结构、装配式剪力墙结构中后浇混凝土内钢筋的连接以及钢结构构件的连接。

（3）焊接连接是钢结构工程中较为常见的梁、柱连接形式，即连接节点采用全熔透坡口对接焊缝连接。

三、机械连接

钢筋机械连接是指通过连接件的机械咬合作用或钢筋端面的承压作用，将一根钢筋中的力传递至另一根钢筋的连接方法。常用的钢筋机械连接接头有套筒挤压钢筋接头、直螺纹钢筋接头等。

1. 套筒挤压连接

套筒挤压连接是将两根需连接的带肋钢筋插入钢套筒，利用压钳沿径向压缩钢套筒，使之产生塑性变形，靠变形后的钢套筒与被连接的钢筋紧密咬合，形成一个整体的连接方式。套筒挤压钢筋接头适用于直径为 16 ~ 40mm 的 HRB400、HRB500 级钢筋连接。如图 3-23 所示为钢筋套筒挤压连接。

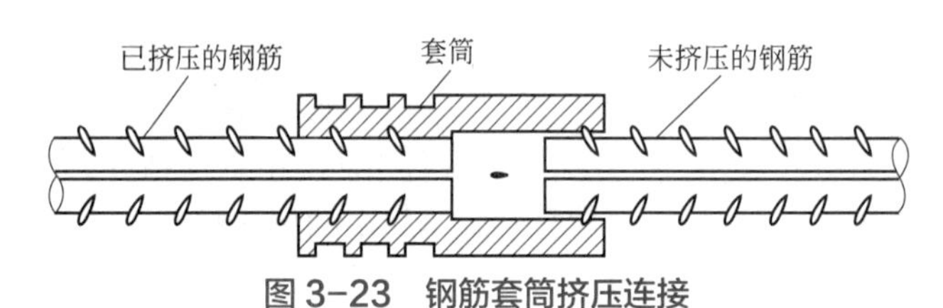

图 3-23　钢筋套筒挤压连接

2. 滚轧直螺纹连接

滚轧直螺纹连接是将两根钢筋端头直接滚轧或剥肋后滚轧制作的直螺纹和连接件螺纹咬合形成的接头，按规定的力矩值连接成一体的连接方式。直螺纹连接接头适用于直径为 16 ~ 40mm 的 HRB400、HRB500 级钢筋连接。其基本原理是利用金属材料塑性变形后冷作硬化增强金属材料强度的特性，而仅在金属表层发生塑变、冷作硬化，金属内部仍保持原金属的性能，因此，钢筋接头与母材可达到等强。滚轧直螺纹连接主要应用于装配式框架结构、装配式剪力墙结构、装配式框 - 剪结构中的后浇混凝土内纵向钢筋

图 3-24　钢筋直螺纹套筒连接

的连接。如图 3-24、图 3-25 所示为钢筋直螺纹套筒连接和钢筋滚轧直螺纹连接。

图 3-25 钢筋滚轧直螺纹连接

3-11 钢筋直螺纹机械连接

四、钢筋的锚固、锚固板连接

装配式框架、装配式剪力墙等结构中的顶层、端缘部的现浇节点中的钢筋无法连接，或者连接难度大，不方便施工，在此类情况下，对受力钢筋采用直线锚固、弯折锚固、机械锚固（例如锚固板）等连接方式锚固在后浇节点内，可以达到连接的要求，并以此来增加装配式结构的刚度和整体性能。

拓展知识二　预制构件的灌浆套筒连接

一、钢筋灌浆套筒连接原理

钢筋灌浆套筒连接是在金属套筒内灌注水泥基浆料，将钢筋对接连接形成机械连接接头。带肋钢筋插入套筒，向套筒内灌注无收缩或微膨胀的水泥基灌浆料，充满套筒与钢筋之间的间隙。灌浆料硬化后，可与钢筋的横肋和套筒内壁凹槽或凸肋紧密结合，使钢筋连接后所受外力能够有效传递。

二、钢筋灌浆套筒接头的组成

钢筋灌浆套筒接头由带肋钢筋、灌浆套筒和灌浆料组成。

1. 带肋钢筋

《钢筋连接用灌浆套筒》（JG/T 398—2019）规定了灌浆套筒适用直径 12 ~ 40mm 的热轧带肋或余热处理钢筋。

2. 灌浆套筒

（1）灌浆套筒分类　灌浆套筒按照套筒的材质分类，分为钢质灌浆套筒和球墨铸铁半灌浆套筒；按照结构形式分类，分为全灌浆套筒和半灌浆套筒。全灌浆套筒接头两端均采用灌浆方式连接钢筋，适用于竖向构件（墙、柱）和横向构件（梁）的钢筋连接。半灌浆套筒接头一端采用灌浆方式连接，另一端采用非灌浆方式（通常采用螺纹连接）连接钢筋，主要适用于竖向构件（墙、柱）的连接。半灌浆套筒按非灌浆一端连接方式还分为直接滚轧直螺纹灌浆套筒、剥肋滚轧直螺纹灌浆套筒和镦粗直螺纹灌浆套筒。如图 3-26 为钢筋套筒灌浆连接构件接头示意图、图 3-27 为球墨铸铁半灌浆套筒、图 3-28 为钢筋套筒半灌浆连接构件接头示意图。

（2）灌浆套筒型号　灌浆套筒型号由名称代号、分类代号、钢筋强度级别主参数代号、加工方式分类代号、钢筋直径主参数代号和更新及变型代号组成（图 3-29）。灌浆套筒主参数应为被连接钢筋的强度级别和公称直径。灌浆套筒型号表示如下：

【例 3-1】连接标准屈服强度为 400MPa，直径 40mm 钢筋，采用铸造加工的整体式全灌浆套筒表示为：GTQ4Z-40。

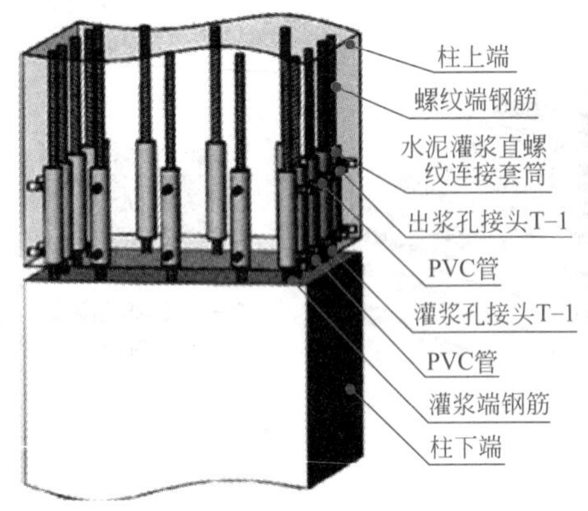

图 3-26　钢筋套筒全灌浆连接构件接头示意图

图 3-27　球墨铸铁半灌浆套筒

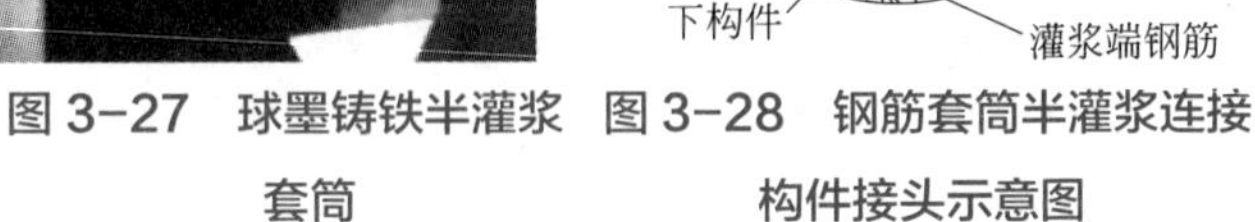

图 3-28　钢筋套筒半灌浆连接构件接头示意图

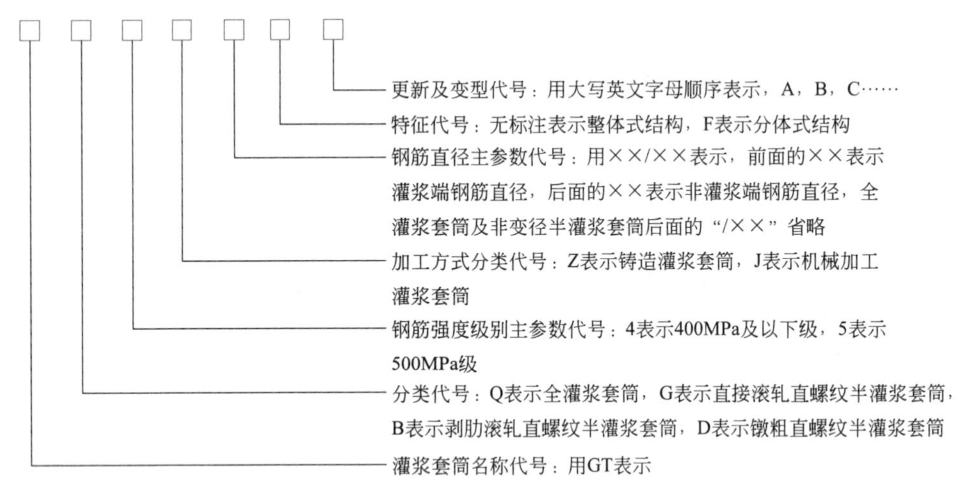

图 3-29　灌浆套筒型号组成

【例 3-2】连接标准屈服强度为 500MPa 钢筋，灌浆端连接直径 36mm 钢筋，非灌浆端连接直径 32mm 钢筋，采用机械加工方式加工的剥肋滚轧直螺纹半灌浆套筒的第一次变型表示为：GTB5J-36/32A。

【例 3-3】连接标准屈服强度为 500MPa，直径 32mm 钢筋，采用机械加工的分体式全灌浆套筒表示为：GTQ5J-32F。

（3）灌浆套筒内径与锚固长度　灌浆套筒灌浆端的最小内径与连接钢筋公称直径的差值不宜小于表 3-2 规定的数值，用于钢筋锚固的深度不宜小于插入钢筋公称直径的 8 倍。

表 3-2　灌浆套筒内径最小尺寸要求

钢筋直径/mm	套筒灌浆段最小内径与连接钢筋公称直径差最小值/mm
12 ~ 25	10
28 ~ 40	15

3. 灌浆料

钢筋连接用套筒灌浆料是以水泥为基本材料，配以细骨料以及混凝土外加剂和其他材料组成的干混料，加水搅拌后具有良好的流动性及早强、高强、微膨胀等性能，填充于套筒和带肋钢筋间隙内，简称“套筒灌浆料”。

（1）灌浆料性能指标 《钢筋连接用套筒灌浆料》(JG/T 408—2019) 中规定了灌浆料在标准温度和湿度条件下的各项性能指标（表 3-3）。其中抗压强度值越高，对灌浆接头连接性能越有帮助；流动度越高对施工作业越方便，接头灌浆饱满度越能够得到保证。

表3-3 钢筋连接用套筒灌浆料主要性能指标

检测项目		性能指标
流动度 /mm	初始	≥ 300
	30min	≥ 260
抗压强度 /MPa	1d	≥ 35
	3d	≥ 60
	28d	≥ 85
竖向膨胀率 /%	3h	≥ 0.02
	24h 与 3h 差值	0.02 ～ 0.5
氯离子含量 /%		≤ 0.03
泌水率 /%		0

（2）灌浆料使用注意事项

① 灌浆料检查：灌浆料使用时应检查产品包装上印制的有效期和产品外观，无过期情况和异常现象后方可开袋使用。

② 加水：浆料拌和时须严格控制加水量，必须遵照产品生产厂家规定的加水率加水。加水过多时，会造成灌浆料泌水、离析、沉淀，多余的水分挥发后会形成孔洞，严重降低灌浆料抗压强度。加水过少时，灌浆料胶凝材料部分不能充分发生水化反应，无法达到预期的工作性能。灌浆料宜在加水后 30min 内用完，以防后续灌浆遇到意外情况时灌浆料可流动的操作时间不足。

③ 搅拌：灌浆料与水的拌和应充分、均匀，通常是在搅拌容器内依次加入水及灌浆料并使用产品要求的搅拌设备，在规定的时间范围内，将浆料拌和均匀，使其具备应有的工作性能。灌浆料搅拌时，应保证搅拌容器的底部边缘死角处的灌浆料干粉与水充分搅拌均匀，之后需静置 2 ～ 3min 排气，尽量排出搅拌时卷入浆料的气体，保证最终灌浆料的强度性能。

④ 流动度检测：灌浆料流动度是保证灌浆连接施工的关键性能指标。灌浆施工环境的温、湿度差异影响着灌浆的可操作性。在任何情况下，流动度低于要求值的灌浆料都不能用于灌浆连接施工，以防止构件灌浆失败造成事故。为此，在灌浆施工前，应首先进行流动度的检测，在流动度值满足要求后方可施工，施工中注意灌浆时间应短于灌浆料具有规定流动度值的时间（可操作时间）。每工作班应检查灌浆料拌合物初始流动度不少于 1 次，确认合格后，方可用于灌浆。留置灌浆料强度检验试件的数量应符合验收及施工控制要求。

⑤ 灌浆料的强度与养护温度：灌浆料是水泥基制品，其抗压强度增长速度受养护环境的温度影响。冬期施工灌浆料强度增长慢，后续工序应在灌浆料满足规定强度值后方可进行；而夏季施工灌浆料凝固速度加快，灌浆施工时间必须严格控制。

⑥ 灌浆料不得二次使用：散落的灌浆料拌合物成分已经改变，不得二次使用；剩余的灌浆料拌合物由于已经发生水化反应，如再次加灌浆料、水后混合使用，可能出现早凝或泌水，故不能使用。

（3）灌浆料流动度测定　灌浆料进场时，应对其拌合物 30min 流动度（图 3-30）、泌水率及 1d 强度、28d 强度、3h 膨胀率进行检验，检验结果应符合建筑工业行业标准《钢筋连接用套筒灌浆料》（JG/T 408—2019）的有关规定。同一成分、同一工艺、同一批号的灌浆料，检验批量不应大于 50t，每批按现行建筑工业行业标准《钢筋连接用套筒灌浆料》（JG/T 408—2019）的有关规定随机抽取灌浆料制作试件。

灌浆料流动度试验主要设备及工具：截锥圆模（上口 × 下口 × 高 =ϕ70mm×ϕ100mm×60mm）、钢化玻璃板（长 × 宽 × 厚 =500mm×500mm×6mm）、电动搅拌机、测温计、电子秤、量杯、金属桶。

试验步骤：

① 称取 1800g 水泥基灌浆材料，误差值 ±5g；按照产品设计（说明书）要求的用水量称量好拌和用水，误差值 ±1g。

② 湿润搅拌桶和搅拌叶，但不得有明水。将水泥基灌浆材料倒入搅拌桶中，开启搅拌机，同时加入拌和水，应在 10s 内加完。

③ 按水泥胶砂搅拌机的设定程序搅拌 240s。

④ 湿润玻璃板和截锥圆模内壁，但不得有明水；将截锥圆模放置在玻璃板中间位置。

⑤ 将水泥基灌浆材料浆体倒入截锥圆模内，直至浆体与截锥圆模上口平；徐徐提起截锥圆模，让浆体在无扰动条件下自由流动直至停止。

⑥ 测量浆体最大扩散直径及与其垂直方向的直径（图 3-30），计算平均值，误差值 ±1mm，作为流动度初始值；应在 6min 内完成上述搅拌和测量过程。

⑦ 将玻璃板上的浆体装入搅拌锅内，并采取防止浆体水分蒸发的措施。自加水拌和起 30min 时，将搅拌锅内浆体按上述步骤试验，测定结果作为流动度的 30min 保留值。

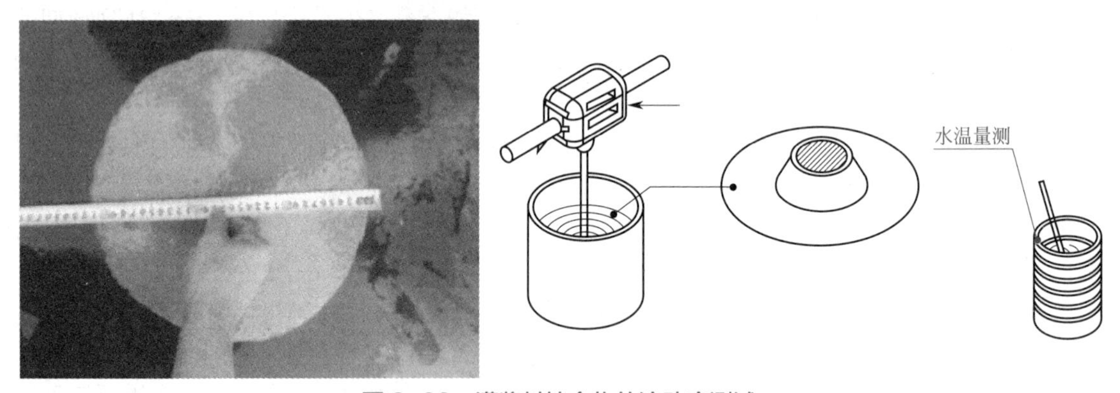

图 3-30　灌浆料拌合物的流动度测试

检验方法：检查质量证明文件和抽样检验报告。

（4）灌浆料抗压强度测定　施工现场灌浆施工中，灌浆料的 28d 抗压强度应符合设计要求及现行标准《钢筋连接用套筒灌浆料》（JG/T 408—2019）的规定，用于检验强度的试件应在灌浆地点制作。每工作班取样不得少于 1 次，每楼层取样不得少于 3 次；每次抽取 1 组试件每组 3 个试块，试块规格为 40mm×40mm×160mm 的棱柱体。标准养护 28d 后进行抗压强度试验。

抗压强度试验步骤如下：

① 称取 1800g 水泥基灌浆材料，误差值 ±5g；按照产品设计说明书要求的用水量称量

拌和用水，误差值 ±1g。

② 按照流动度试验的有关规定拌和水泥基灌浆材料。

③ 将浆体灌入试模，至浆体与试模的上边缘平齐，成型过程中不应震动试模。应在 6min 内完成搅拌和成型过程。

④ 将装有浆体的试模在成型室内静置 2h 后移入养护箱。

⑤ 灌浆料抗压强度的试验按水泥胶砂强度试验有关规定执行。

3-12 钢筋灌浆套筒连接的介绍

三、钢筋浆锚搭接

钢筋浆锚搭接的受力机理是将拉结钢筋锚固在带有螺旋筋加固的预留孔内，通过高强度无收缩水泥砂浆的灌浆实现力的传递。也就是说，钢筋中的拉力是通过剪力传递到灌浆料中，再传递到周围的预制混凝土界面中。这种方式也称为间接锚固或间接搭接。

连接钢筋采用浆锚搭接连接时，可在下层预制构件中设置竖向连接钢筋与上层预制构件内的连接钢筋通过浆锚搭接连接。纵向钢筋采用浆锚搭接连接时，对预留孔成孔工艺、孔道形状和长度、构造要求、灌浆料和被连接的钢筋，应进行力学性能以及适用性的试验验证。直径大于 20mm 的钢筋不宜采用浆锚搭接连接，直接承受动力荷载构件的纵向钢筋不应采用浆锚搭接连接。连接钢筋可在预制构件中通长设置，或在预制构件中可靠地锚固。

预制构件主筋采用浆锚灌浆连接的方式，在设计上对抗震等级和高度有一定的限制。在预制剪力墙体系中预制剪力墙的连接使用较多，预制框架体系中的预制立柱的连接一般不宜采用。图 3-31、图 3-32 分别给出了钢筋浆锚灌浆连接节点的示意图和预制外墙浆锚灌浆连接示意图。毫无疑问，浆锚灌浆连接节点施工的关键是灌浆材料及施工工艺，即无收缩水泥灌浆的施工质量。

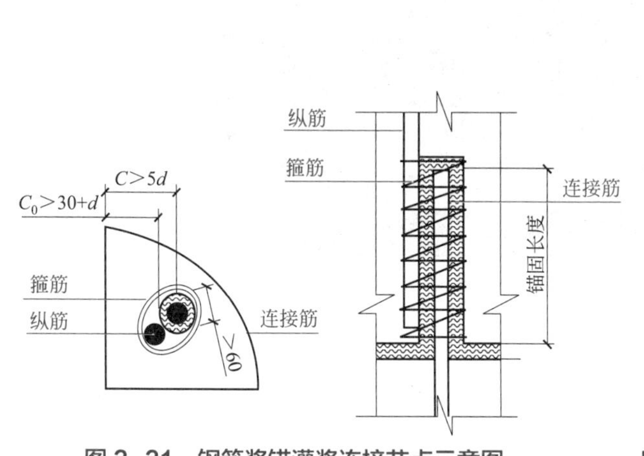

图 3-31　钢筋浆锚灌浆连接节点示意图

C—连接筋中心至构件外边缘距离；C_0—纵筋内侧边缘至构件外边缘距离

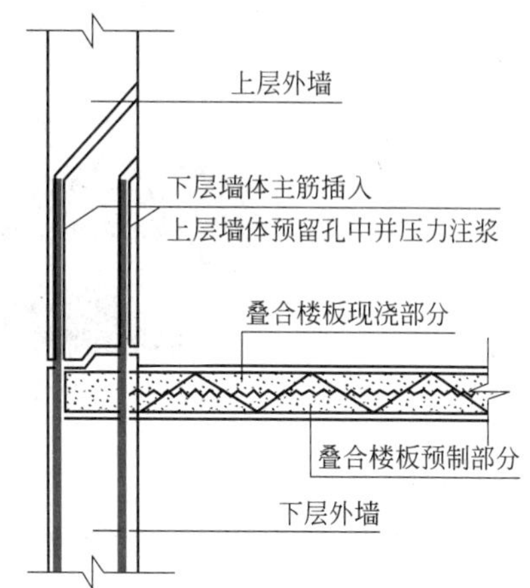

图 3-32　预制外墙浆锚灌浆连接示意图

拓展知识三　预制混凝土连接面

混凝土连接主要是预制部件与后浇混凝土的连接。为加强预制部件与后浇混凝土之间的连接，预制构件与后浇混凝土、灌浆料、坐浆材料的结合面应设置相应的粗糙面和抗剪键槽。预制板与后浇混凝土叠合层之间的结合面应设置粗糙面。预制梁与后浇混凝土叠合层之间的结合面应设置粗糙面。

一、粗糙面处理

粗糙面处理，即通过外力使预制部件与后浇混凝土结合处变得粗糙，露出碎石等集料。其通常有人工凿毛法、机械凿毛法、缓凝水冲法三种方法。

1. 人工凿毛法

人工凿毛法是指工人使用铁锤和凿子剔除预制部件结合面的表皮，露出碎石集料，增加结合面的粗糙度。此方法的优点是简单、易于操作；缺点是费工费时，效率低。

2. 机械凿毛法

机械凿毛法是使用专门的小型凿岩机配置梅花平头钻，剔除结合面混凝土的表皮，增加结合面的粗糙度。此方法的优点是方便、快捷，机械小巧，易于操作；缺点是操作人员的作业环境差，有粉尘污染。

3. 缓凝水冲法

缓凝水冲法是混凝土结合面粗糙度处理的一种新工艺，是指在部品构件混凝土浇筑前，将含有缓凝剂的浆液涂刷在模板壁上，浇筑混凝土后，利用已浸润缓凝剂的表面混凝土与内部混凝土的缓凝时间差，用高压水冲洗未凝固的表层混凝土，冲掉表面浮浆，显露出集料，形成粗糙的表面，如图 3-33 所示。缓凝水冲法具有成本低、效果佳、功效高且易于操作的优点，目前应用广泛。

图 3-33　缓凝水冲法效果图

二、键槽连接

装配式结构的预制梁、预制柱及预制剪力墙断面处需设置抗剪键槽。键槽面也应进行粗糙面处理。

预制梁端面应设置键槽（图 3-34）且宜设置粗糙面。键槽设置尺寸及位置应符合装配式结构的设计及相关规范的要求，键槽的深度 t 不宜小于 30mm，宽度 w 不宜小于深度的 3 倍且不宜大于深度的 10 倍。键槽可贯通截面，当不贯通时槽口距离截面边缘不宜小于 50mm。键槽间距宜等于键槽宽度。键槽端部斜面倾角不宜大于 30°。

预制剪力墙的顶部和底部与后浇混凝土的结合面应设置粗糙面；侧面与后浇混凝土的结合面应设置粗糙面，也可设置键槽。键槽深度 t 不宜小于 20mm，宽度 w 不宜小于深度的 3 倍且不宜大于深度的 10 倍，键槽间距宜等于键槽宽度，键槽端部斜面倾角不宜大于 30°。

预制柱的底部应设置键槽且宜设置粗糙面，键槽应均匀布置，键槽深度不宜小于

30mm，键槽端部斜面倾角不宜大于 30°。柱顶应设置粗糙面。

粗糙面的面积不宜小于结合面的 80%，预制板的粗糙面凹凸深度不应小于 4mm，预制梁端、预制柱端、预制墙端的粗糙面凹凸深度不应小于 6mm。

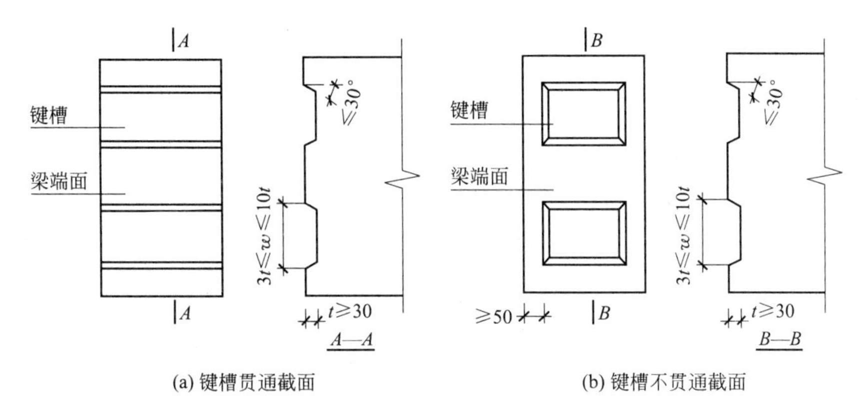

图 3-34 梁端键槽构造示意

3-13 型钢连接方式及预制混凝土连接面

拓展知识四 预制构件吊装中的安全管理

一、起重设备作业要求

（1）吊装时吊机应有专人指挥，指挥人员应位于吊机司机视力所及地点，应能清楚地看到吊装的全过程，起重工指挥手势要准确无误，哨音要明亮，吊机司机要精力集中，服从指挥，并不得擅自离开工作岗位。

（2）塔式起重机司机须定期进行身体检查，凡有不适合登高作业者，不得担任司机；应该配有足够的司机，以适应“三班制”施工的需要；严禁司机带病上岗和酒后工作；非司机人员不能擅自进入驾驶室。

（3）构件应采用垂直吊运，严禁斜拉、斜吊，杜绝与其他物体的碰撞或钢丝绳被拉断的事故发生。在吊装回转、俯仰吊臂、起落吊钩等动作前，应鸣声示意。一次宜进行一个动作，待前一动作结束后，再进行下一动作。吊运过程应平稳，不应有大幅摆动，不应突然制动。回转未停稳前，不得做反向操作，离地 3m 暂停起升，检查安全稳妥后运转就位。起重设备不允许在斜坡道上工作，不允许起重机两边高低相差太多。起重机停止作业时，应刹住回转及行走机构。

（4）吊装过程中，吊起的构件不得长时间悬在空中，应采取措施将重物降落到安全位置。如遇六级以上大风、暴雨、浓雾、雷暴，要停止运作。

（5）如场地条件差，土质松软，履带吊下虽有走道板铺垫，但雨后土质会变得更松软，为防止履带吊在行走和吊装时倾倒，现场需要有其他机械配合进行再次平整、压实，避免发生事故。

（6）塔式起重机附着要按机械说明要求，预埋铁件固定在建筑物上应牢固、稳定。

二、防止高空坠落

（1）现场施工人员均应戴安全帽，高空作业人员应佩戴安全带，高挂低用，系在安全、可靠的地方，现场作业人员应穿好防滑鞋。

（2）吊装工作区应有明显标志，并设专人警戒，非吊装现场作业人员严禁入内。起重机工作时，起重臂下严禁站人。同时，避免人员在吊车起重臂回转半径内停留。

（3）登高用梯子、吊装操作平台应牢靠，站在操作平台时，上面严禁站人。

（4）吊装时，高空作业人员应站在操作平台、吊篮、梯子上作业，严禁在未加固的构件上行走。人手脚须远离移动重物及起吊设备，吊物和吊具下不可站人。

三、防止高空坠物

（1）高空作业人员所携带各种工具、螺栓等应在专用工具袋中放好，在高空传递物品时，应挂好安全绳，不得随便抛掷，以防伤人。吊装时不得在构件上堆放或悬挂零星对象，零星物品应用专用袋子上、下传递，严禁在高空向下抛掷物料。

（2）构件绑扎必须牢固，起吊点应通过构件的重心位置。吊开时应平稳，避免振动或摆动，构件就位或固定前，不得解开吊装索具，以防构件坠落伤人。起吊构件时，速度不能太快，不能在高空停留太久，严禁猛升、猛降，以防构件脱落。构件安装后，应检查各构件的连接和稳定情况，当连接确定安全、可靠，方可松钩、卸索。

（3）吊装高空对接构件时需绑好溜绳措施，控制其方向。雨天作业时，应采取必要的防滑措施。夜间作业应有充足的照明。特别指出，吊装时进行的松钩、卸索，施工人员应站在稳固、可靠的梯子上并系好安全带。

（4）防止吊装后结构失稳。构件吊装就位后，应经初校和临时固定或可靠连接后方可以卸钩，待稳定后方可拆除固定工具或其他稳定装置。长细比较大的构件，未经临时固定组成一稳定单元体系前，应设溜绳子加地锚固定。对于整体校正后符合要求的空间体系，应对所有连接螺栓进行检查，并紧固达到要求，以保证其成为一个稳定的空间刚度单元。

四、防止触电事故

现场用电要有专门人员负责安装、维护、管理，严禁非电工人员随意拆改。现场各种电线插头、开关均设在开关箱内，停电后必须拉下电闸。各种用电设备必须有良好的接地、接零。现场用手持电动工具必须有漏电保护器，其操作者必须戴绝缘手套，穿绝缘鞋，不要站在潮湿的地方使用电动工具或设备。构件吊装时，应防止碰撞临时拉线，以防触电。

思政小故事

童寯

童寯（jùn）（1900 年 10 月 2 日—1983 年 3 月 28 日），字伯潜。中国建筑学家，建筑教育家。中国近代造园理论研究的开拓者，中国近代建筑理论研究的开拓者之一。辽宁沈阳人，满族。

1900 年 10 月 2 日出生于奉天省城附近东台子村。

1910 年 9 月入奉天省立第一小学，1917 月年入奉天省立第一中学。

1921 年 7 月中学毕业后在天津新学书院专修英语。

1921 年同时考取两所大学，但仍就读于北平清华留美预备学校。

1925 年毕业于清华学校高等科。同年秋，公费留学美国宾夕法尼亚大学建筑系，曾与杨廷宝（杨为师兄，时已毕业，但与童寯常有往来）、梁思成、陈植等同窗学习。在校期间，先后获全美大学生设计竞赛一、二等奖牌各一枚。

1928 年冬，以 3 年修满 6 年全部学分，获得建筑学硕士学位，提前毕业。此后在费城、纽约两地建筑师事务所实习、工作各一年。

1930 年春，赴欧洲英、法、德、意、瑞士、比、荷等国考察建筑，经东欧回国。

1930 年秋回国，任沈阳东北大学建筑系教授，1931 年 6 月，梁思成赴京“中国营造学社”任职，童寯继任东北大学建筑系主任。

1931 年，九一八事变后东北大学建筑系解散，与赵深、陈植在上海共同组建华盖建筑师事务所。抗战爆发后 1938 年在重庆、贵阳设华盖建筑师事务所分所。

1944 年，应刘敦桢之邀抵重庆，任中央大学建筑系教授，授课之余继续华盖建筑师事务所建筑师业务。抗战胜利后迁回南京。

1949 年，中央大学改名南京大学后，专任南京大学建筑系教授。1952 年南京大学建筑系等工学院系科独立组建南京工学院（1988 年改名东南大学），任南京工学院建筑系教授。

1983 年 3 月 28 日逝世于南京，享年 82 岁。

能力训练题

一、单选题

1. 当施工现场群体建筑施工时，一台塔吊的水平吊臂和另一台塔吊的塔身的安全距离应大于（　　）m。

A. 0.6　　B. 1.2　　C. 2.0　　D. 2.5

2. 当施工现场群体建筑施工时，两台塔吊的水平吊臂间的安全距离应大于（　　）m。

A. 0.6　　B. 1.2　　C. 1.5　　D. 2.0

3. 预制楼梯吊至楼梯梁上方（　　）cm 后，调整楼梯位置板边线基本与控制线吻合。

A. 20 ~ 30　　B. 20 ~ 50　　C. 20 ~ 40　　D. 30 ~ 50

4. 预制楼梯安装时，在楼梯段上下口梯梁处铺（　　）mm 厚 C25 细石混凝土找平灰饼，找平层灰饼标高要控制准确。

A. 20　　B. 30　　C. 40　　D. 50

5. 预制楼梯安装时，梯井之间根据楼梯栏杆安装要求预留（　　）mm 空隙。

A. 20　　B. 30　　C. 40　　D. 50

6. 预制楼梯安装时，楼梯侧面距离结构墙体预留（　　）mm 空隙，为后续初装的抹灰层预留空间。

A. 20　　B. 30　　C. 40　　D. 50

7. 下列关于预制楼梯说法错误的是（　　）。

A. 预制楼梯宜一端设置固定铰，另一端设置滑动铰

B. 预制楼梯设置滑动铰的端部应采取防止滑落的构造措施

C. 抗震设防烈度为 6 度时预制楼梯在支承构件上的最小搁置长度为 100mm

D. 预制楼梯与支承构件之间宜采用简支连接

8. 塔式起重机与外脚手架的距离应该大于（　　）m。

A. 0.6　　B. 0.8　　C. 1.0　　D. 2.0

二、多选题

1. 装配式混凝土结构施工时，选择塔式起重机要考虑（　　）因素是否满足要求。

A. 起重量　　B. 起重半径　　C. 起重高度　　D. 回转半径

2. 装配式混凝土结构工程的施工现场平面布置图是在拟建工程的建筑平面上，布置为施工服务的（　　）等，是施工方案在施工现场的空间体现。

A. 各种临时建筑　　B. 临时设施及材料　　C. 施工机械　　D. 预制构件

3. 在施工管理中，应坚持“（　　）”的安全管理方针。

A. 安全第一　　B. 预防为主　　C. 综合治理　　D. 治理第一

4. 下列关于板式楼梯堆垛说法正确的是（　　）。

A. 预制楼梯的放置采用立放式或平放式

B. 在堆置预制楼梯时，板下部两端垫置 100mm×100mm 垫木，垫木放置位置在 $1/5L \sim 1/4L$（L 为预制板总长度）处

C. 在预制楼梯段的后起吊（下端）设置防止起吊碰撞的伸长垫木

D. 垫木层与层之间应垫平、垫实，各层支座应上下对齐

三、判断题

1. 施工现场平面布置图反映既有建筑与拟建建筑工程之间、临时建筑与临时设施之间的相互空间关系。（　　）

2. 塔式起重机基础必须严格按设备图纸施工，塔式起重机按要求设置防雷装置并良好接地。（　　）

3. 施工现场要抓好对塔式起重机等大型垂直运输机械的管理，塔式起重机安装、顶升、拆除应有预案，作业应设置警戒区，坚持“十不吊”，塔式起重机不准带病作业。（　　）

4. 采用缓凝型外加剂、大掺量矿物掺合料配制的混凝土的养护时间不应小于7d。（　　）

5. 预制楼梯与支承构件之间宜采用铰支连接。（　　）

四、问答题

1. 简述外墙挂板吊装要点。

2. 塔式起重机与外脚手架的距离应该是多少？

五、论述题

1. 阐述使用吊篮进行施工作业时必须严格遵守的使用安全规则。

2. 简答塔式起重机进行施工作业时必须严格遵守的使用安全规则。

3. 简答选择塔式起重机需要考虑的因素。

模块四

装配式混凝土结构现场施工

【知识目标】

• 了解预制构件后浇混凝土施工内容。

• 了解预制构件后浇部位连接区构造。

• 熟悉预制构件现场核心区连接方法。

• 掌握竖向构件现场施工工艺及要点。

• 掌握水平构件现场施工工艺及要点。

【技能目标】

• 能够编制预制构件现场施工的技术交底。

• 会选择合适的专用质量检测设备，并对现场施工质量进行检测及控制。

• 会查阅各种相关的规范、图集和规程，能够正确领会并执行国家有关建筑施工规范、规程和标准。

• 能利用所学专业知识解决预制构件现场施工中遇到的一般技术问题。

【素质目标】

• 养成创新思维和严谨的科学态度，具有强烈的责任心。

• 引导学生将自身发展与行业特点紧密联系，具备较强的解决现场施工技术质量问题的能力。

• 树立爱岗敬业、诚实守信、团结协作、不忘初心的品质，规范施工，保质保量。

单元一　预制混凝土竖向受力构件的现场施工

一、预制混凝土剪力墙构件现场施工

装配整体式混凝土剪力墙结构由水平受力构件（梁、板、楼梯等）和竖向受力构件（剪力墙）组成，主要构件在预制构件厂生产，然后运输到施工现场，经过吊运安装及后浇叠合形成整体。其水平、竖向钢筋通过钢筋灌浆套筒、机械等方式进行连接，其连接节点通过后浇混凝土结合而成。

装配整体式混凝土剪力墙结构根据施工工艺可以分为两种，一种剪力墙为预制，一种剪

力墙为现浇。

剪力墙为预制时施工流程如下：

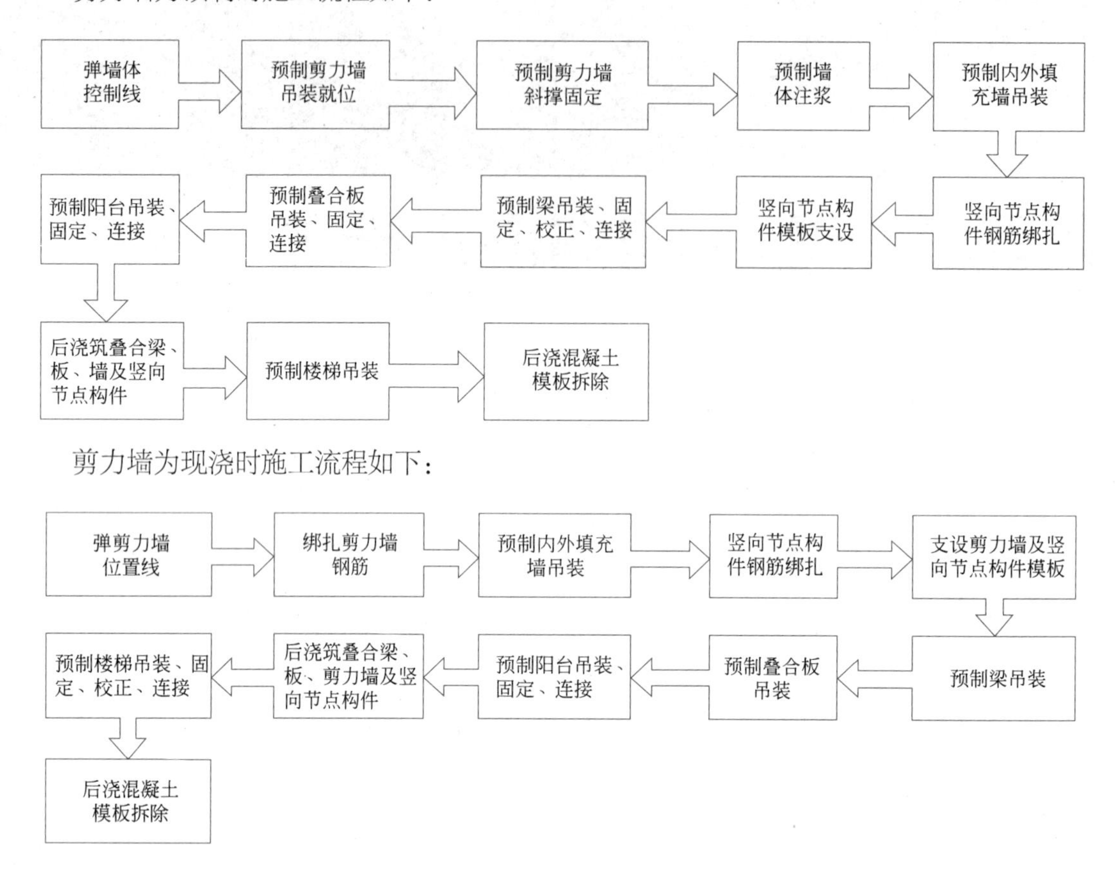

1.预制混凝土剪力墙构件现场施工工艺流程

预制混凝土剪力墙板抄平放线→现浇混凝土固定墙钢筋的定位及复核→铺设坐浆料→剪力墙板吊装→剪力墙板定位校正→剪力墙板临时固定→剪力墙钢筋套筒灌浆连接→剪力墙板竖向节点构件后浇混凝土带钢筋施工→剪力墙板竖向节点构件后浇混凝土带模板施工→剪力墙板竖向节点构件后浇混凝土带混凝土浇筑。

4-1 预制外墙安装与施工

2.预制混凝土剪力墙构件现场施工工艺操作要点

模板工程、钢筋工程、混凝土工程应符合现行国家标准《混凝土结构工程施工规范》（GB 50666—2011）、《钢筋套筒灌浆连接应用技术规程》（JGJ 355—2015）等的有关规定。当采用自密实混凝土时，应符合现行行业标准《自密实混凝土应用技术规程》（JGJ/T 283—2012）的有关规定。

（1）剪力墙板竖向节点构件后浇混凝土带钢筋施工

① 钢筋连接。纵向钢筋采用套筒灌浆连接时，接头应满足行业标准《钢筋机械连接技术规程》（JGJ 107—2016）中对Ⅰ级接头的性能要求，并应符合国家现行有关标准的规定。预制剪力墙中钢筋接头处套筒外侧钢筋的混凝土保护层厚度不应小于15mm，预制柱中钢筋接头处套筒外侧箍筋的混凝土保护层厚度不应小于20mm，套筒之间的净距不应小于25mm。

纵向钢筋采用浆锚搭接连接时，应对预留孔成孔工艺、孔道形状和长度、构造要求、灌浆料和被连接钢筋进行力学性能以及适用性的试验验证。直径大于 20mm 的钢筋不宜采用浆锚搭接连接，直接承受动力荷载构件的纵向钢筋不应采用浆锚搭接连接。采用钢筋套筒灌浆连接、钢筋浆锚搭接连接的预制构件施工，现浇混凝土中伸出的钢筋应采用专用模具进行定位，并应采用可靠的固定措施保证连接钢筋的中心位置及外露长度满足设计要求。构件安装前应检查预制构件上套筒、预留孔的规格、位置、数量和深度。当套筒、预留孔内有杂物时，应清理干净。应检查被连接钢筋的规格、数量、位置和长度。当连接钢筋倾斜时，应校直。连接钢筋偏离套筒或孔洞中心线不宜超过 3mm。连接钢筋中心位置存在严重偏差影响预制构件安装时，应会同设计单位制订专项处理方案，严禁随意切割、强行调整定位钢筋。

② 钢筋定位。装配式混凝土结构后浇混凝土内的连接钢筋应埋设准确，连接与锚固方式应符合设计和现行有关技术标准的规定。

构件连接处钢筋位置应符合设计要求。当设计无具体要求时，应保证主要受力构件和构件中主要受力方向的钢筋位置符合下列规定：框架节点处，梁纵向受力钢筋宜置于柱纵向钢筋内侧；当主、次梁底部标高相同时，次梁下部钢筋应放在主梁下部钢筋之上；剪力墙中水平分布钢筋宜置于竖向钢筋外侧，并在墙端弯折锚固。

钢筋套筒灌浆连接接头的预留钢筋应采用专用模具进行定位，并应符合下列规定：定位钢筋中心位置存在细微偏差时，宜采用钢套管方式进行细微调整；定位钢筋中心位置存在严重偏差影响预制构件安装时，应按设计单位确认的技术方案处理；应采用可靠的绑扎固定措施对连接钢筋的外露长度进行控制。预制构件的外露钢筋应防止弯曲变形，并在预制构件吊装完成后，对其位置进行校核与调整。

③ 预制墙板连接部位宜先校正水平连接钢筋，后安装箍筋，待墙体竖向钢筋连接完成后绑扎箍筋，连接部位加密区的箍筋宜采用封闭箍筋。预制梁柱节点区的钢筋安装时，节点区柱箍筋应预先安装于预制柱钢筋上，随预制柱一同安装就位。预制叠合梁采用封闭箍筋时，预制梁上部纵筋应预先穿入箍筋内临时固定，并随预制梁一同安装就位。预制叠合梁采用开口箍筋时，预制梁上部纵筋可在现场安装。

④ 装配式混凝土结构后浇混凝土节点间的钢筋安装需要注意的问题。装配式混凝土结构后浇混凝土节点间的钢筋安装做法受操作顺序和空间的限制，与常规做法有很大的不同，但仍须在符合相关规范要求的前提下顺应装配式混凝土结构的要求。

装配式混凝土结构预制墙板间竖缝（墙板间后浇混凝土带）的钢筋安装做法按《装配式混凝土结构技术规程》（JGJ 1—2014）的要求“……约束边缘构件……宜全部采用后浇混凝土，并且应在后浇段内设置封闭箍筋”执行。国标图集《装配式混凝土结构连接节点构造》（15G310—1、2）中，预制墙板间构件竖缝有加附加连接钢筋的做法要求，如图 4-1 所示。

如果竖向分布钢筋按搭接做法预留，封闭箍筋或附加连接（也是封闭）钢筋均无法安装，只能用开口箍筋代替，如图 4-2 所示。如果封闭箍筋或附加连接（也是封闭）钢筋，如图 4-3 所示，竖缝钢筋的这种设计，必须在做施工方案时即明确采用 Ⅰ 级接头机械连接做法，如图 4-4 所示。

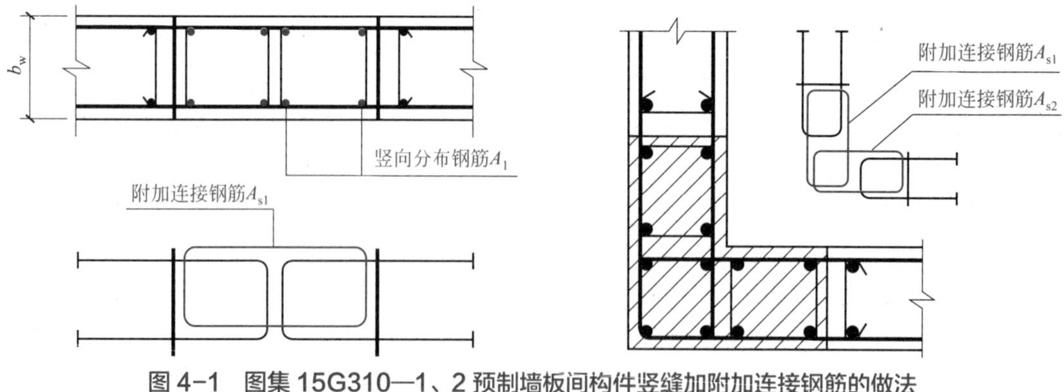

图 4-1 图集 15G310—1、2 预制墙板间构件竖缝加附加连接钢筋的做法

图 4-2 剪力墙板预留开口箍筋

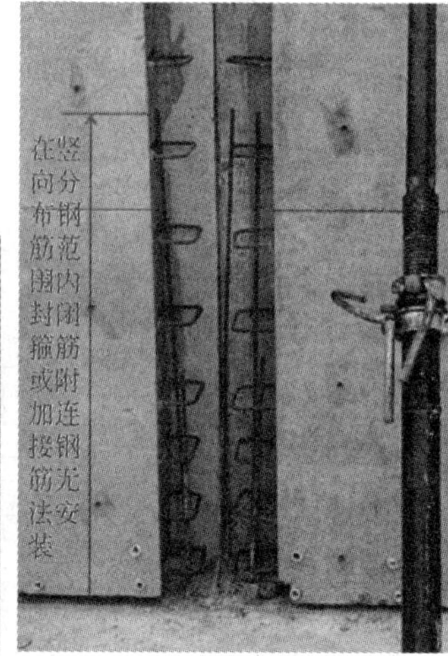

图 4-3 剪力墙板预留封闭箍筋状态

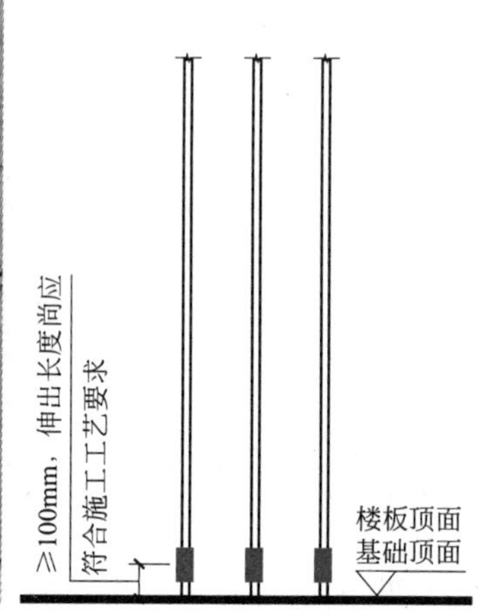

图 4-4 全断面预留机械接头做法

（2）剪力墙板竖向节点构件后浇混凝土带模板施工 装配式混凝土结构宜采用工具式支架和定型模板。模板应保证后浇混凝土部分形状、尺寸和位置准确；定型模板应通过螺栓（预置内螺母）或预留孔洞拉结的方式与预制构件可靠连接，定型模板安装应避免遮挡预制墙板下部灌浆预留孔洞，夹芯墙板的外叶板应采用螺栓拉结或夹板等加强固定，模板与预制构件接缝处应采取防止漏浆的措施，可粘贴密封条。如图 4-5 所示为“T”形墙板间后浇混凝土带模板支设示例。

（3）剪力墙板竖向节点构件后浇混凝土带混凝土浇筑 预制构件结合面疏松部分的混凝土应剔除并清理干净，并洒水润湿。混凝土分层浇筑高度应符合国家现行有关标准的规定，应在底层混凝土初凝前将上一层混凝土浇筑完毕。浇筑时应采取保证混凝土或砂浆浇筑密实的措施。混凝土浇筑应布料均衡，浇筑和振捣时，应对模板及支架进行观察和维护，发生异常情况应及时处理。构件接缝处混凝土浇筑和振捣应采取措施防止模板、相连接构件、钢筋、预埋件及其定位件移位。构件连接部位后浇混凝土及灌浆料的强度达到设计要求后，方可拆除临时支撑系统。拆模时的混凝土强度应符合现行国家标准《混凝土结构工程施工规范》（GB 50666—2011）的有关规定和设计要求。如图 4-6 所示为装配式混凝土结构后浇混凝土浇筑。

图 4-5 “T”形墙板间后浇混凝土带模板支设示例

图 4-6 装配式混凝土结构后浇混凝土浇筑

温馨提示：后浇混凝土施工要点。

① 对于装配式混凝土结构的墙板间边缘构件竖缝后浇混凝土带的浇筑，应该与水平构件的混凝土叠合层以及按设计非预制而必须现浇的结构（如作为核心筒的电梯井、楼梯间）同步进行，一般选择一个单元作为一个施工段，以先竖向、后水平的顺序浇筑施工。这样的施工安排就用后浇混凝土将竖向和水平预制构件结合成了一个整体。

② 后浇混凝土浇筑前，应进行所有隐蔽项目的现场检查与验收。

③ 浇筑混凝土过程中，应按规定见证取样留置混凝土试件。同一配合比的混凝土，每工作班且建筑面积不超过 1000m^2 应制作一组标准养护试件，同一楼层应制作不少于 3 组标准养护试件。

④ 混凝土浇筑完毕后，应按施工技术方案要求及时采取有效的养护措施，并应符合下列规定：应在浇筑完毕后的 12h 以内对混凝土加以覆盖并养护；浇水次数应以能保持混凝土处于湿润状态确定；采用塑料薄膜覆盖养护的混凝土，其敞露的全部表面应覆盖严密，并应保持塑料薄膜内有凝结水；后浇混凝土的养护时间不应少于 14 d。

⑤ 预制墙板斜支撑和限位装置，应在连接节点和连接接缝部位后浇混凝土或灌浆料强度达到设计要求后拆除；当设计无具体要求时，后浇混凝土或灌浆料应达到设计强度的 75%

以上方可拆除。模板与支撑拆除时的后浇混凝土强度要求详见表 4-1。

表4-1 模板与支撑拆除时的后浇混凝土强度要求

构件类型	构件跨度/m	达到设计混凝土强度等级值的百分率/%
板	≤2	≥50
	>2，≤8	≥75
	>8	≥100
梁	≤8	≥75
	>8	≥100
悬臂构件		≥100

二、预制混凝土框架柱构件现场施工

装配整体式混凝土框架结构由水平受力构件（梁、板、楼梯等）和竖向受力构件框架柱组成，主要构件在预制构件厂生产，然后运输到施工现场，经过吊运安装及后浇叠合而形成整体。其水平、竖向钢筋通过钢筋灌浆套筒连接、机械连接等方式进行连接，其连接节点通过后浇混凝土结合而成。

装配整体式混凝土框架结构根据施工工艺可以分为两种，一种是框架柱为预制，一种是框架柱为现浇。

框架柱为预制时施工流程如下：

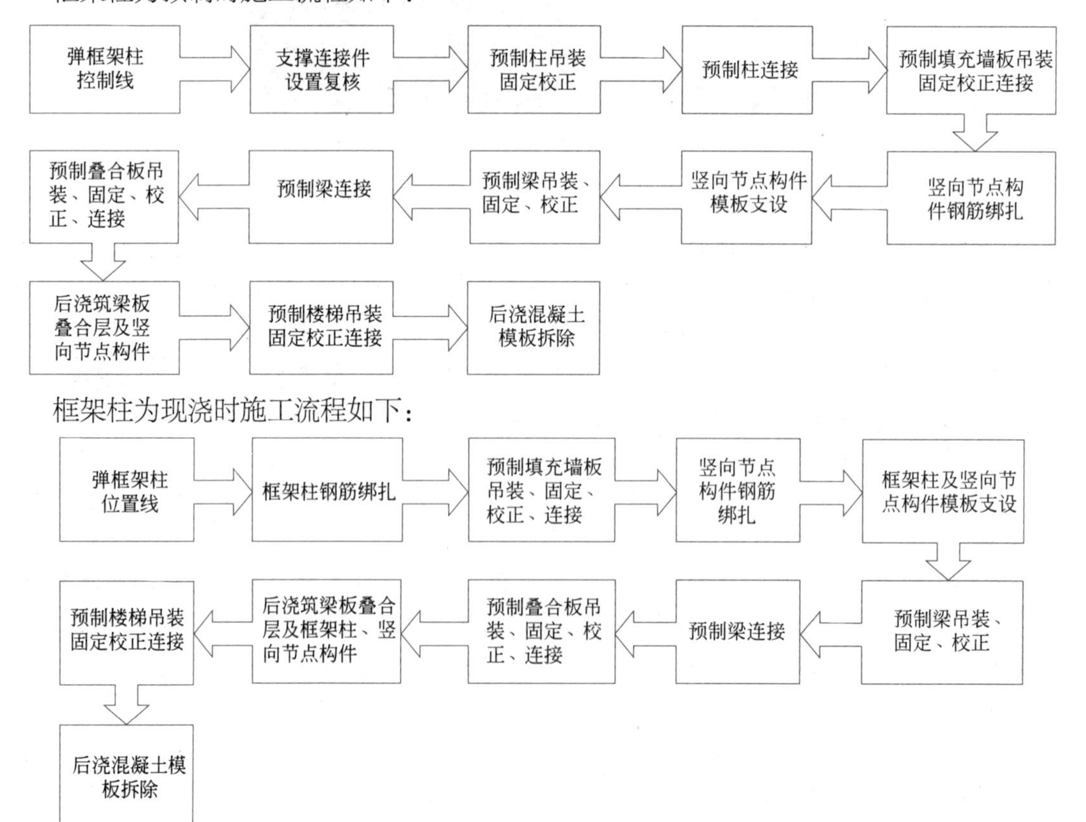

1.预制混凝土框架柱构件现场施工工艺流程

预制混凝土框架柱抄平放线→现浇混凝土框架柱钢筋的定位及复核→铺设坐浆料→预制框架柱吊装→预制框架柱定位校正→预制框架柱临时固定→预制框架柱钢筋套筒灌浆连接→预制框架柱竖向节点构件后浇混凝土带钢筋施工→预制框架柱竖向节点构件后浇混凝土带模板施工→预制框架柱竖向节点构件后浇混凝土带混凝土浇筑。

2.预制混凝土框架柱构件现场施工工艺操作要点

模板工程、钢筋工程、混凝土工程应符合国家现行标准《混凝土结构工程施工规范》(GB 50666—2011)、《钢筋套筒灌浆连接应用技术规程》(JGJ 355—2015)等的有关规定。当采用自密实混凝土时，尚应符合现行行业标准《自密实混凝土应用技术规程》(JGJ/T 283—2012)的有关规定。

(1)预制框架柱竖向节点构件后浇混凝土带钢筋施工　预制柱纵向受力钢筋在柱底采用套筒灌浆连接时，柱箍筋加密区长度不应小于纵向受力钢筋连接区域长度与500mm之和；套筒上端第一道箍筋距离套筒顶部不应大于50mm(图4-7)。

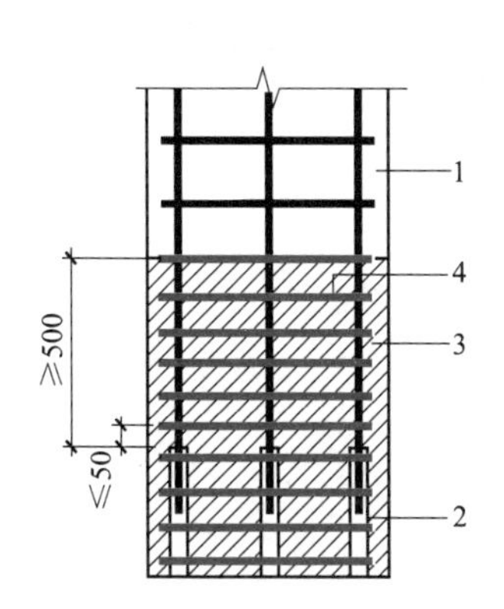

图4-7　钢筋采用套筒灌浆连接时柱底箍筋加密区域构造示意

1—预制柱；2—套筒灌浆连接接头；3—箍筋加密区(阴影区域)；4—加密区箍筋

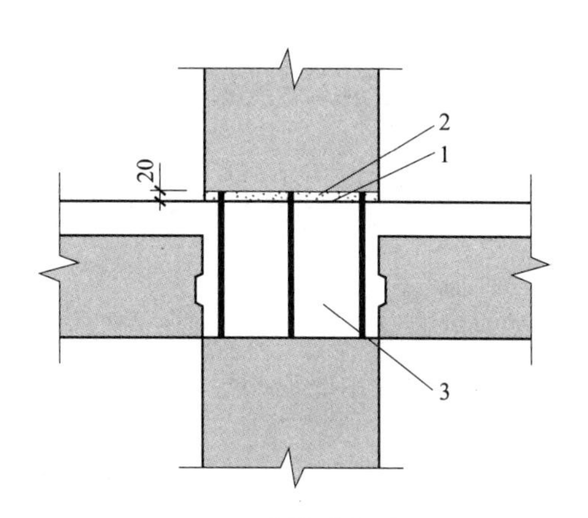

图4-8　预制柱底接缝构造示意

1—后浇节点区混凝土上表面粗糙面；2—接缝灌浆层；3—后浇区

采用预制柱及叠合梁的装配整体式框架中，柱底接缝宜设置在楼面标高处(图4-8)，并应符合下列规定：

4-2 柱钢筋绑扎连接

① 后浇节点区混凝土上表面应设置粗糙面；

② 柱纵向受力钢筋应贯穿后浇节点区；

③ 柱底接缝厚度宜为20mm，并应采用灌浆料填实。

预制结构构件采用钢筋套筒灌浆连接时，应在构件生产前进行钢筋套筒灌浆连接接头的抗拉强度试验，每种规格的连接接头试件数量不应少于3个。钢筋套筒灌浆连接接头的抗拉强度试验试件摆放架如图4-9。

(2)预制框架柱竖向节点构件后浇混凝土带模板施工　同预制剪力墙板。

(3)预制框架柱竖向节点构件后浇混凝土带混凝土浇筑　同预制剪力墙板。

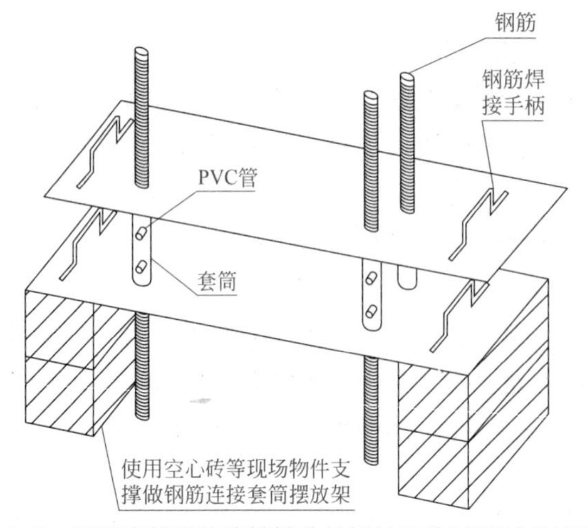

图 4-9 钢筋套筒灌浆连接接头的抗拉强度试验试件摆放架

4-3 预制柱安装与施工

单元二 预制混凝土水平受力构件的现场施工

一、预制混凝土叠合楼板构件识读图纸

1.桁架钢筋混凝土叠合板（60mm厚底板）识读图纸

（1）双向叠合板用底板编号示例。

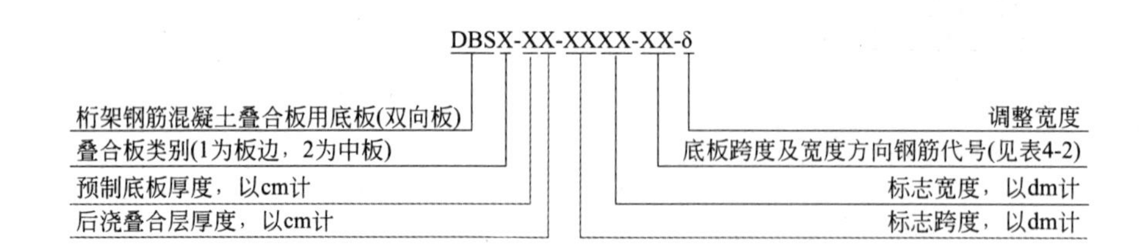

【例 4-1】底板编号 DBS1-67-3620-31，表示双向受力叠合板用底板，拼装位置为边板，预制底板厚度为 60mm，后浇叠合层厚度为 70mm，预制底板的标志跨度为 3600mm，预制底板的标志宽度为 2000mm，底板跨度方向配筋为Φ10@200，底板宽度方向配筋为Φ8@200。

【例 4-2】底板编号 DBS2-67-3620-31，表示双向受力叠合板用底板，拼装位置为中板，预制底板厚度为 60mm，后浇叠合层厚度为 70mm，预制底板的标志跨度为 3600mm，预制底板的标志宽度为 2000m，底板跨度方向配筋为Φ10@200，底板宽度方向配筋为Φ8@200。

（2）双向叠合板用底板钢筋代号详见表 4-2。

表4-2　底板跨度、宽度方向钢筋代号组合表

跨度方向钢筋	宽度方向钢筋			
	⌀8@200	⌀8@150	⌀10@200	⌀10@150
⌀8@200	11	21	31	41
⌀8@250		22	32	42
⌀8@100				43

（3）单向叠合板用底板编号示例。

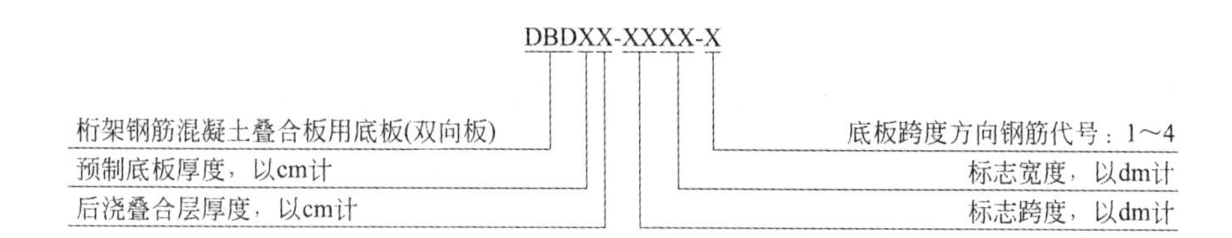

【例 4-3】底板编号 DBD67-3620-2，表示为单向受力叠合板用底板，预制底板厚度为 60mm，后浇叠合层厚度为 70mm，顶制底板的标志跨度为 3600mm，预制底板的标志宽度为 2000mm，底板跨度方向配筋为⌀8@ 150。

（4）单向叠合板用底板钢筋代号详见表 4-3。

表4-3　钢筋代号表

代号	1	2	3	4
受力钢筋规格及间距	⌀8@200	⌀8@150	⌀10@200	⌀10@150
分布钢筋规格及间距	⌀6@200	⌀6@200	⌀6@200	⌀6@200

（5）钢筋桁架规格及代号详见表 4-4。

表4-4　钢筋桁架规格及代号表

桁架规格代号	上弦钢筋公称直径/mm	下弦钢筋公称直径/mm	腹杆钢筋公称直径/mm	桁架设计高度/mm	桁架每延米理论重量/（kg/m）
A80	8	8	6	80	1.75
A90	8	8	6	90	1.79
A100	8	8	6	100	1.82
B80	10	8	6	80	1.98
B90	10	8	6	90	2.01
B100	10	8	6	100	2.04

注：钢筋桁架详图见国标图集《桁架钢筋混凝土叠合板（60mm 厚底板）》15G366—1 第 81 页。

（6）宽 1200mm 双向板底板边板模板及配筋图、吊点位置示意图、钢筋桁架及底板大样图、底板拼缝构造图、节点构造图详见图 4-10 ~图 4-14。

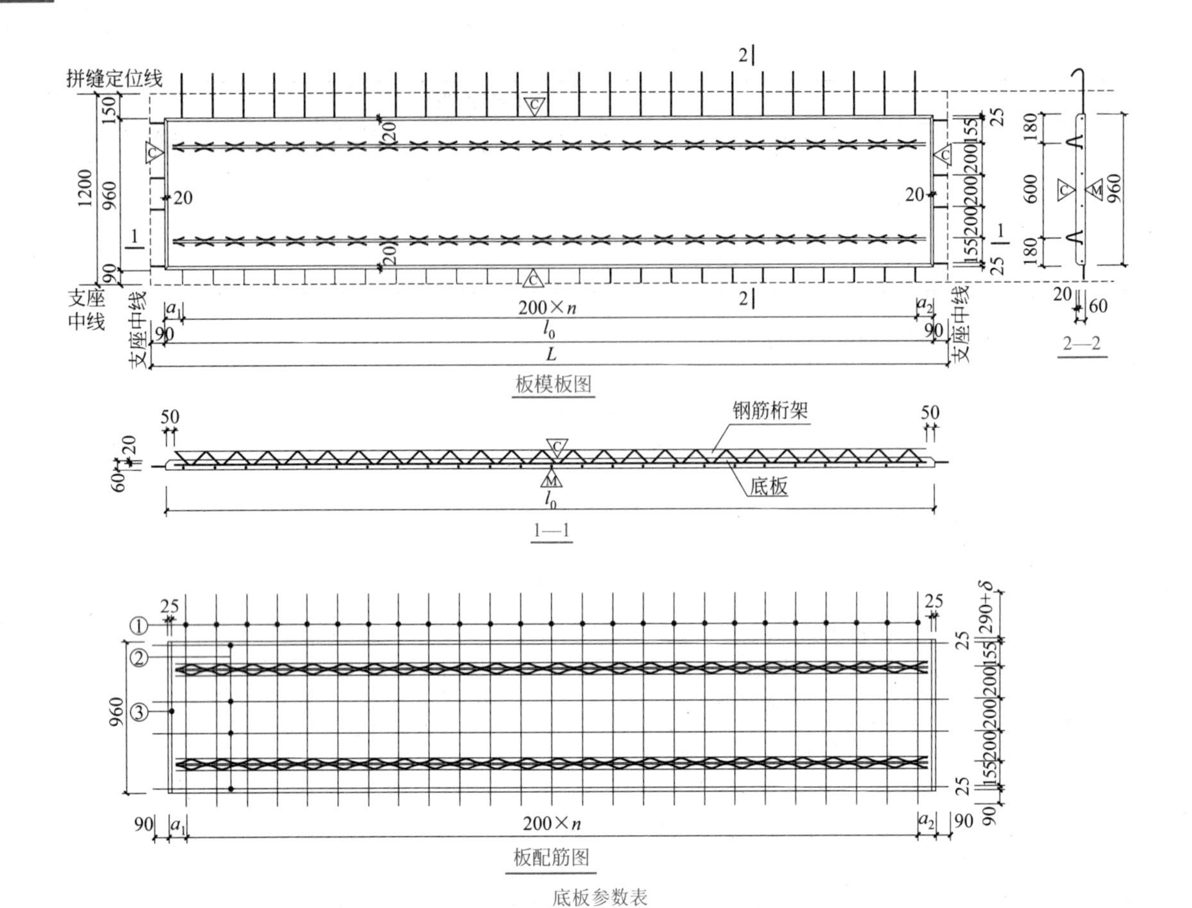

底板参数表

底板编号（X代表1、3）	l_0 /mm	a_1 /mm	a_2 /mm	n	桁架型号 编号	长度 /mm	重量 /kg	混凝土体积 /m^3	底板自重 /t
DBS1-67-3012-X1	2820	130	90	13	A80	2720	4.79	0.162	0.406
DBS1-68-3012-X1					A90		4.87		
DBS1-67-3312-X1	3120	80	40	15	A80	3020	5.32	0.180	0.449
DBS1-68-3312-X1					A90		5.40		
DBS1-67-3612-X1	3420	130	90	16	A80	3320	5.85	0.197	0.493
DBS1-68-3612-X1					A90		5.94		
DBS1-67-3912-X1	3720	80	40	18	B80	3620	7.18	0.214	0.535
DBS1-68-3912-X1					B90		7.28		
DBS1-67-4212-X1	4020	130	90	19	B80	3920	7.77	0.232	0.579
DBS1-68-4212-X1					B90		7.88		
DBS1-67-4512-X1	4320	80	40	21	B80	4220	8.37	0.249	0.622
DBS1-68-4512-X1					B90		8.48		
DBS1-67-4812-X1	4620	130	90	22	B80	4520	8.96	0.266	0.665
DBS1-68-4812-X1					B90		9.09		

续表

底板编号（X代表1、3）	l_0 /mm	a_1 /mm	a_2 /mm	n	桁架型号			混凝土体积 /m³	底板自重 /t
					编号	长度 /mm	重量 /kg		
DBS1-67-5112-X1	4920	80	40	24	B80	4820	9.55	0.283	0.708
DBS1-68-5112-X1					B90		9.69		
DBS1-67-5412-X1	5220	130	90	25	B80	5120	10.15	0.301	0.752
DBS1-68-5412-X1					B90		10.29		
DBS1-67-5712-X1	5520	80	40	27	B80	5420	10.74	0.318	0.795
DBS1-68-5712-X1					B90		10.90		
DBS1-67-6012-X1	5820	130	90	28	B80	5720	11.33	0.335	0.838
DBS1-68-6012-X1					B90		11.50		

底板配筋表

底板编号（X代表7、8）	①			②			③		
	规格	加工尺寸	根数	规格	加工尺寸	根数	规格	加工尺寸	根数
DBS1-6X-3012-11	Φ8	1340+δ 40	14	Φ8	3000	4	Φ6	910	2
DBS1-6X-3012-31				Φ10					
DBS1-6X-3312-11	Φ8	1340+δ 40	16	Φ8	3300	4	Φ6	910	2
DBS1-6X-3312-31				Φ10					
DBS1-6X-3612-11	Φ8	1340+δ 40	17	Φ8	3600	4	Φ6	910	2
DBS1-6X-3612-31				Φ10					
DBS1-6X-3912-11	Φ8	1340+δ 40	19	Φ8	3900	4	Φ6	910	2
DBS1-6X-3912-31				Φ10					
DBS1-6X-4212-11	Φ8	1340+δ 40	20	Φ8	4200	4	Φ6	910	2
DBS1-6X-4212-31				Φ10					
DBS1-6X-4512-11	Φ8	1340+δ 40	22	Φ8	4500	4	Φ6	910	2
DBS1-6X-4512-31				Φ10					
DBS1-6X-48012-11	Φ8	1340+δ 40	23	Φ8	4800	4	Φ6	910	2
DBS1-6X-4812-31				Φ10					
DBS1-6X-5112-11	Φ8	1340+δ 40	25	Φ8	5100	4	Φ6	910	2
DBS1-6X-5112-31				Φ10					
DBS1-6X-5412-11	Φ8	1340+δ 40	26	Φ8	5400	4	Φ6	910	2
DBS1-6X-5412-31				Φ10					
DBS1-6X-5712-11	Φ8	1340+δ 40	28	Φ8	5700	4	Φ6	910	2
DBS1-6X-5712-31				Φ10					
DBS1-6X-6012-11	Φ8	1340+δ 40	29	Φ8	6000	4	Φ6	910	2
DBS1-6X-6012-31				Φ10					

图4-10　宽1200mm双向板底板边板模板及配筋图

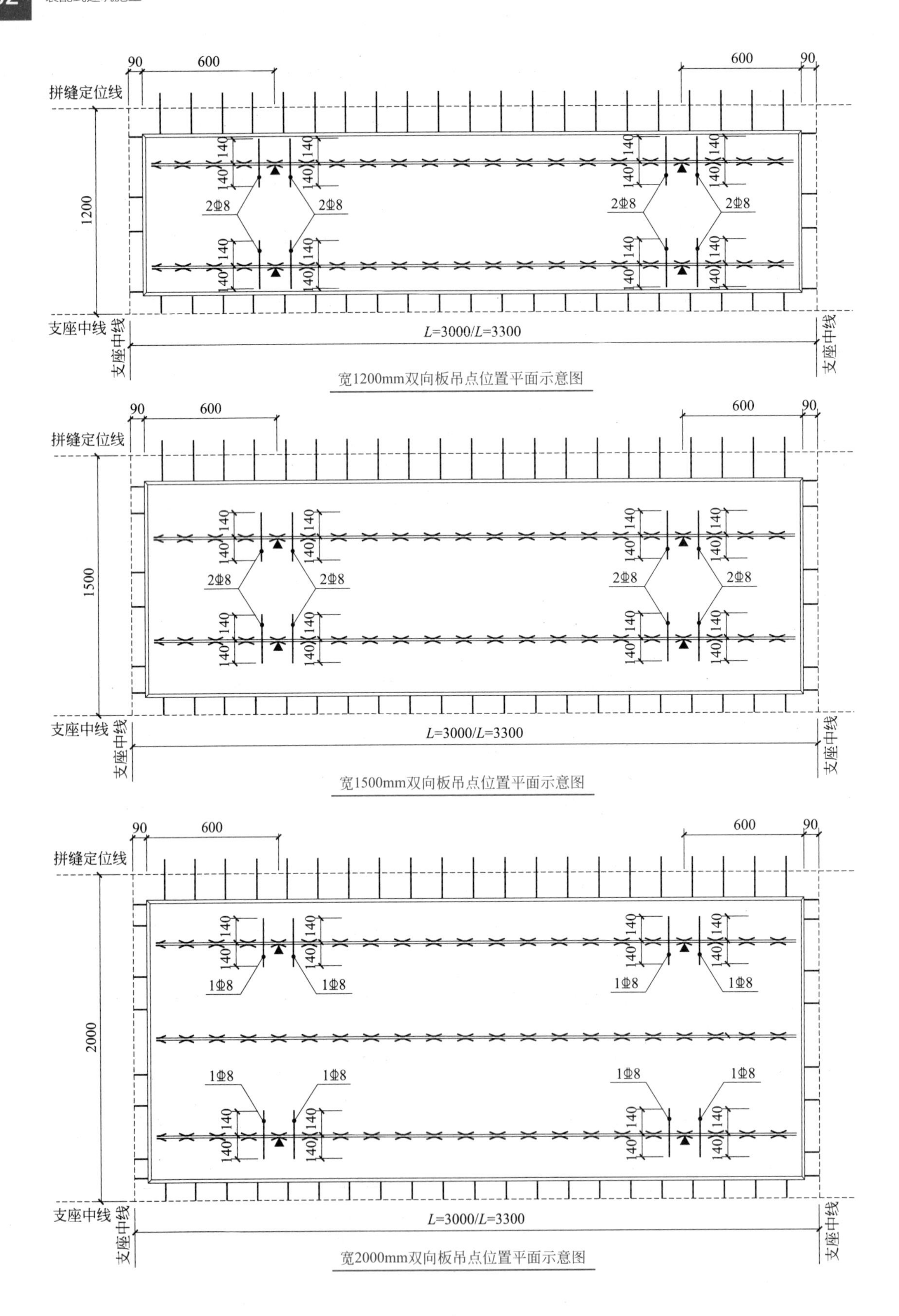

90
600
600
90
拼缝定位线
1200
140
2Φ8
支座中线
L=3000/L=3300
宽1200mm双向板吊点位置平面示意图
1500
宽1500mm双向板吊点位置平面示意图
2000
1Φ8
宽2000mm双向板吊点位置平面示意图

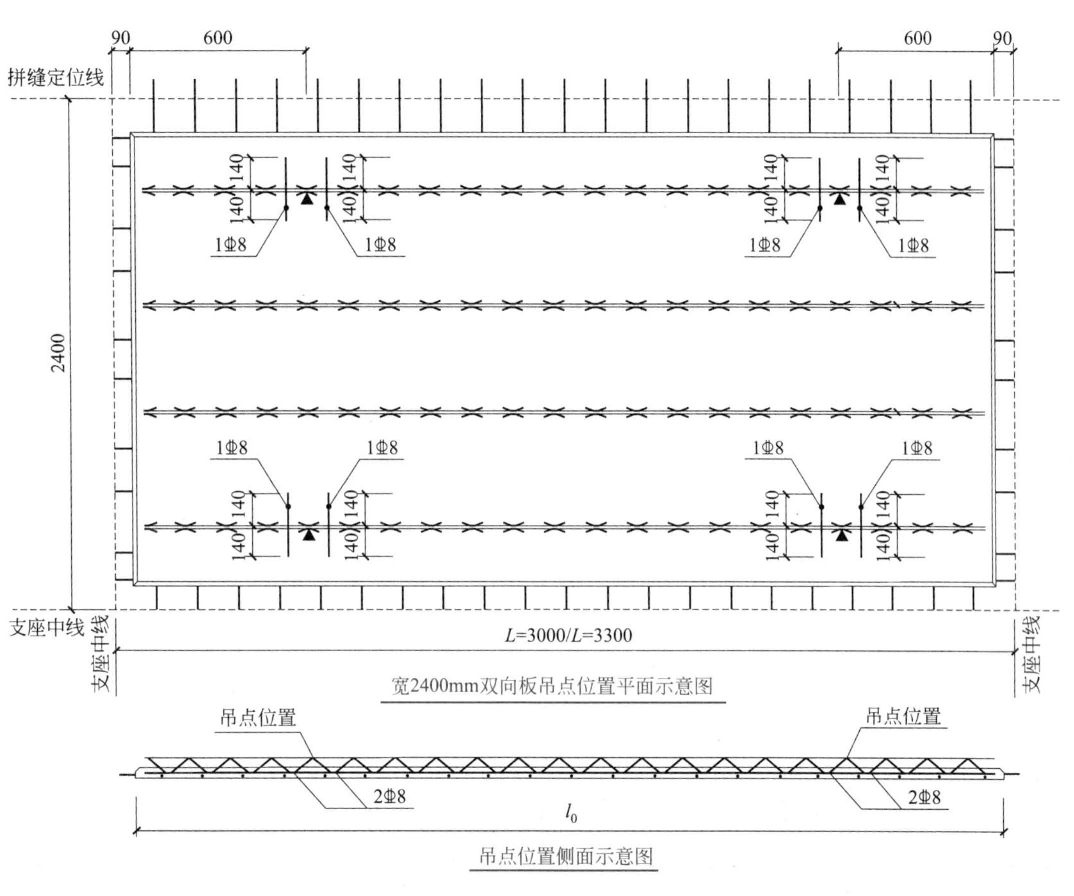

图4-11 吊点位置示意图（L=3000/L=3300）

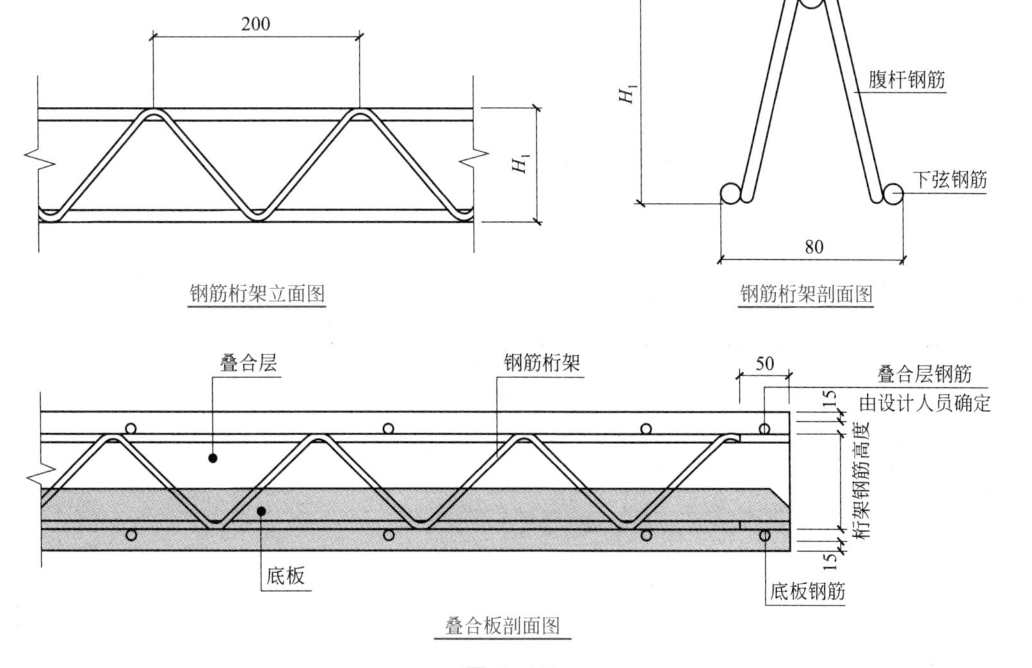

图 4-12

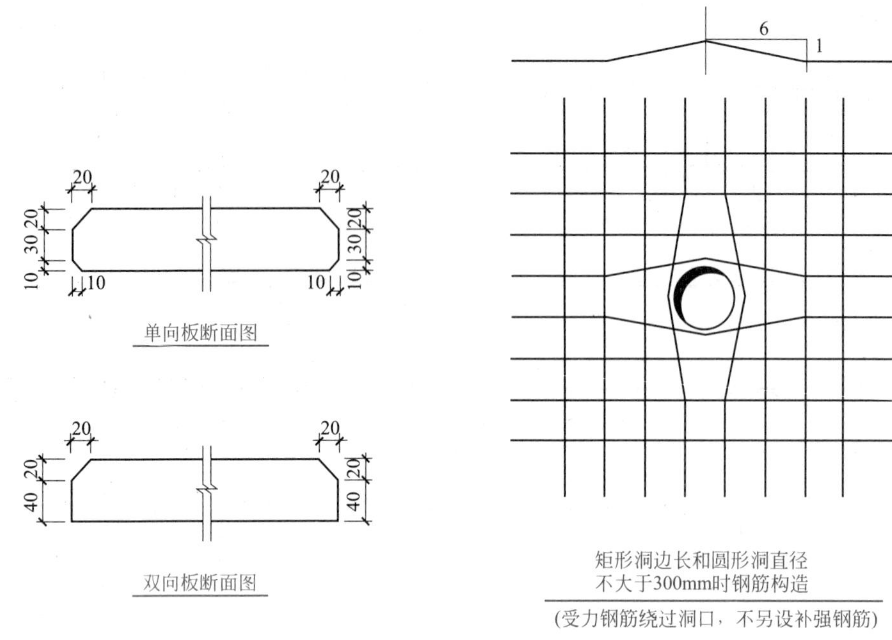

图 4-12 钢筋桁架及底板大样图

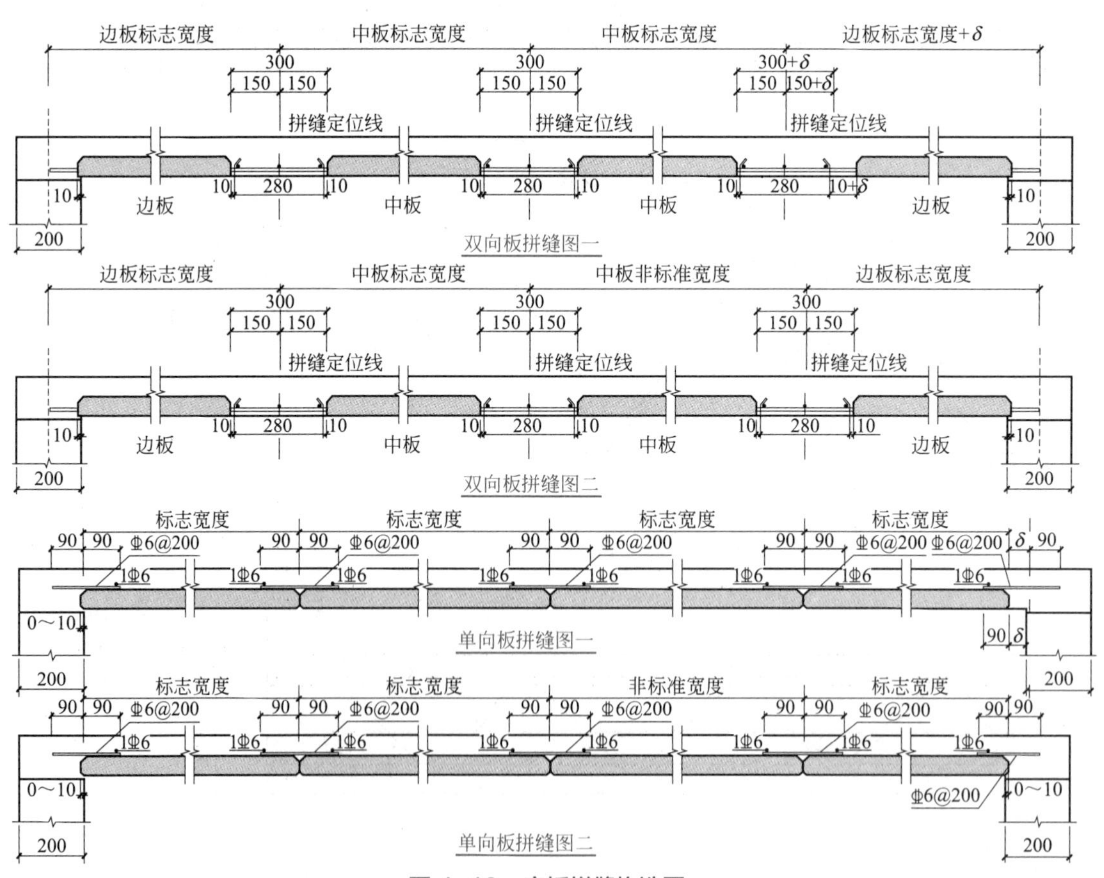

图 4-13 底板拼缝构造图

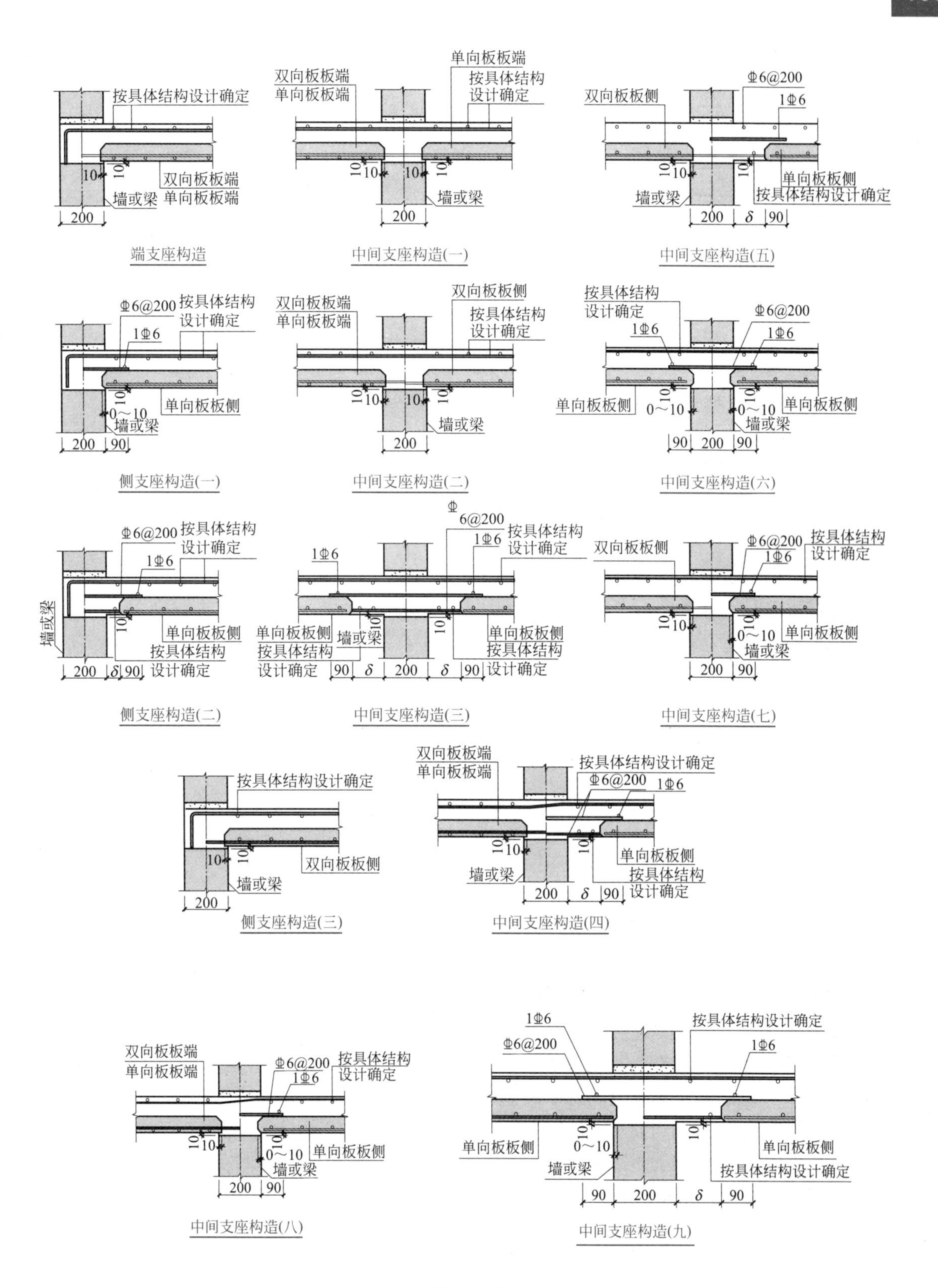
按具体结构设计确定
双向板板端
单向板板端
墙或梁
200
端支座构造
单向板板端
按具体结构设计确定
中间支座构造(一)
Φ6@200
1Φ6
双向板板侧
单向板板侧
按具体结构设计确定
δ
90
中间支座构造(五)
按具体结构设计确定
单向板板侧
0～10
侧支座构造(一)
双向板板侧
中间支座构造(二)
中间支座构造(六)
侧支座构造(二)
中间支座构造(三)
中间支座构造(七)
侧支座构造(三)
中间支座构造(四)
中间支座构造(八)
中间支座构造(九)

图 4-14

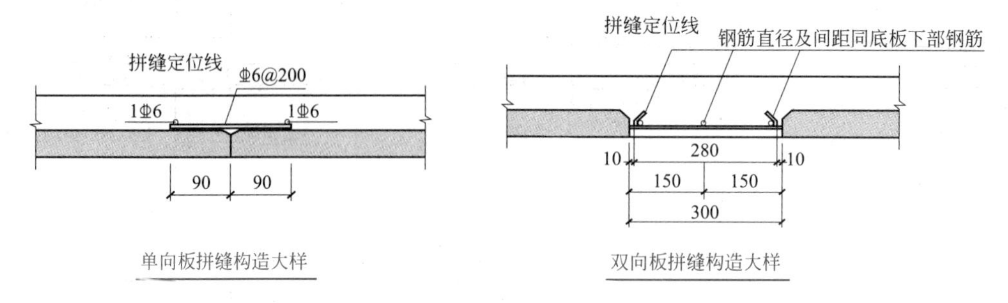

图 4-14 节点构造图

2.桁架钢筋混凝土叠合板（60mm厚底板）制作与施工要求

（1）底板与后浇混凝土叠合层之间的结合面应做成凹凸深度不小于 4mm 的人工粗糙面，粗糙面的面积不小于结合面的 80%。

（2）同条件养护的混凝土立方体抗压强度达到 22.5MPa 后，方可脱模、吊装、运输及堆放。

（3）底板吊装时应慢起慢落，并避免与其他物体相撞。应保证起重设备的吊钩位置、吊具及构件重心在垂直方向上重合，吊索与构件水平夹角不宜小于 60°，不应小于 45°。当吊点数量为 6 点时，应采用专用吊具，吊具应具有足够的承载能力和刚度。吊装时，吊钩应同时钩住钢筋桁架的上弦钢筋和腹筋。

（4）堆放场地应平整夯实，并设有排水措施，堆放时底板与地面之间应有一定的空隙。垫木放置在桁架侧边，板两端（至板端 200mm）及跨中位置均应设置垫木且间距不大于 1.6m。垫木应上下对齐。不同板号应分别堆放，堆放高度不宜大于 6 层。堆放时间不宜超过两个月。垫木的长、宽、高均不宜小于 100mm。

（5）运输时底板应在支点处绑扎牢固，防止构件移动或跳动。在底板的边部或与绳索接触处的混凝土，应采用衬垫加以保护。

（6）底板混凝土的强度达到设计强度等级值的 100% 后，方可进行施工安装。底板就位前应在跨内及距离支座 500mm 处设置由竖撑和横梁组成的临时支撑。当轴跨 L<4.8m 时，跨内设置一道支撑；当轴跨 4.8m ≤ L ≤ 6.0m 时，跨内设置两道支撑。支撑顶面应可靠抄平，以保证底板底面平整。多层建筑中，各层竖撑宜设置在一条竖直线上。临时支撑拆除时，应符合现行国家相关标准的规定，一般应保持持续两层有支撑。

（7）双向板底板安装时，应合理调整安装方向保证接缝处钢筋相互错开。

（8）装配式结构施工前应制订专项施工方案。施工方案应结合结构深化设计、构件制作、运输和安装全过程，包括对施工吊装与支撑体系的验算进行策划与制定，还应包括构件安装及节点施工方案，构件安装的质量管理及安全措施等，以充分反映装配式结构施工的特点和工艺流程的特殊要求。

（9）底板进场可不做结构性能检验，施工单位或监理单位应派代表驻厂监督生产过程。当无驻厂监督人员时，底板进场时应由监理单位和施工单位共同对底板主要受力钢筋数量、规格、间距及混凝土强度、混凝土保护层厚度等进行实体检验。

二、预制混凝土叠合楼板构件现场施工

1.叠合板钢筋安装施工

（1）叠合板板端支座处，预制板内的纵向受力钢筋宜从板端伸出并锚入支承梁或墙的后浇混凝土中，锚固长度不应小于5*d*（*d*为纵向受力钢筋直径），且宜伸过支座中心线[图4-15（a）]。

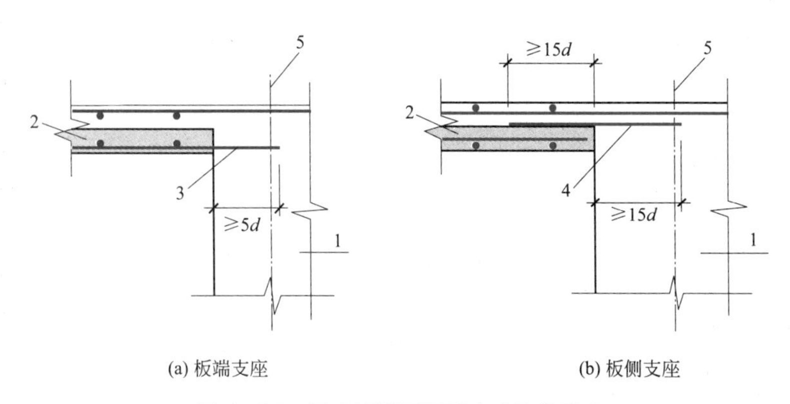

图4-15　叠合板端及板侧支座构造示意

1—支承梁或墙；2—预制板；3—纵向受力钢筋；4—附加钢筋；5—支座中心线

（2）单向叠合板的板侧支座处，当预制板内的板底分布钢筋伸入支承梁或墙的后浇混凝土中时，应符合上述（1）的要求；当板底分布钢筋不伸入支座时，宜在紧邻预制板顶面的后浇混凝土叠合层中设置附加钢筋，附加钢筋截面面积不宜小于预制板内的同向分布钢筋面积，间距不宜大于600mm，在板的后浇混凝土叠合层内，锚固长度不应小于15*d*，在支座内，锚固长度不应小于15*d*（*d*为附加钢筋直径）且宜伸过支座中心线［图4-15（b）］。

（3）单向叠合板板侧的分离式接缝宜配置附加钢筋（图4-16），接缝处紧邻预制板顶面宜设置垂直于板缝的附加钢筋，附加钢筋伸入两侧后浇混凝土叠合层的锚固长度不应小于15*d*（*d*为附加钢筋直径）；附加钢筋截面面积不宜小于预制板中该方向钢筋面积，钢筋直径不宜小于6mm、间距不宜大于250mm。

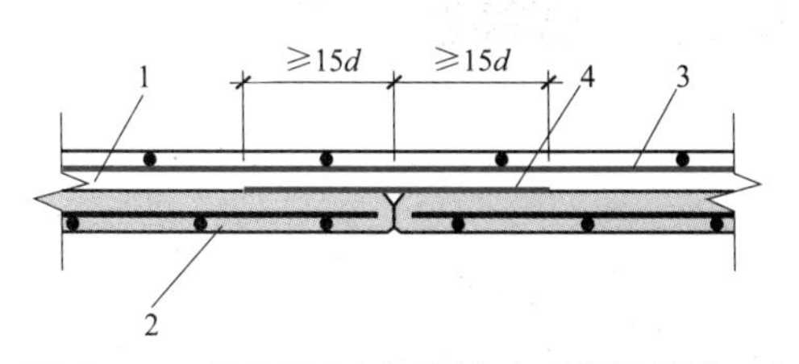

图4-16　单向叠合板板侧分离式拼缝构造示意

1—后浇混凝土叠合层；2—预制板；3—后浇层内钢筋；4—附加钢筋

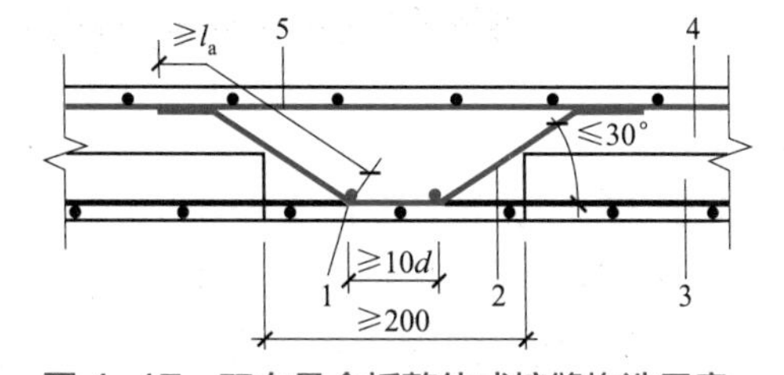

图4-17　双向叠合板整体式接缝构造示意

1—通长构造钢筋；2—纵向受力钢筋；3—预制板；4—后浇混凝土叠合层；5—后浇层内钢筋

（4）双向叠合板板侧的整体式接缝宜设置在叠合板的次要受力方向上，且宜避开最大弯矩截面。接缝可采用后浇带形式，并应符合下列规定：

① 后浇带宽度不宜小于200mm；

② 后浇带两侧板底纵向受力钢筋可在后浇带中焊接、搭接连接、弯折锚固；

③ 当后浇带两侧板底纵向受力钢筋在后浇带中弯折锚固时（图 4-17），叠合板厚度不应小于 10d（d 为弯折钢筋直径的较大值），且不应小于 120mm；接缝处预制板侧伸出的纵向受力钢筋应在后浇混凝土叠合层内锚固，且锚固长度不应小于 l_a；两侧钢筋在接缝处重叠的长度不应小于 10d，钢筋弯折角度不应大于 30°，弯折处沿接缝方向应配置不少于 2 根通长构造钢筋，且直径不应小于该方向预制板内钢筋直径。

（5）叠合板钢筋施工还应满足以下要求：

① 叠合板上部后浇混凝土中的钢筋宜采用成型钢筋网片整体安装就位。

② 装配整体式混凝土结构后浇混凝土施工时，应采取可靠的保护措施，防止钢筋偏移及受到污染。

4-4 钢筋桁架混凝土叠合楼板安装施工

4-5 预应力带肋混凝土叠合楼板安装施工

2.叠合板后浇混凝土模板施工

模板与支撑安装除满足竖向构件现浇连接部位的相关规定外，还应满足以下要求：

（1）叠合楼板的预制底板安装时，可采用龙骨及配套支撑，龙骨及配套支撑应进行设计计算；

（2）宜选用可调整标高的定型独立钢支柱作为支撑，龙骨的顶面标高应符合设计要求；

（3）应准确控制预制底板搁置面的标高；

（4）浇筑叠合层混凝土时，预制底板上部应避免集中堆载。如图 4-18 所示为叠合板模板支设实例。

图 4-18　叠合板模板支设实例

3.叠合板后浇混凝土施工

后浇混凝土除满足竖向构件现浇连接部位的相关规定外，还应满足以下要求：

（1）叠合构件混凝土浇筑前，应清除叠合面上的杂物、浮浆及松散骨料，表面干燥时应洒水润湿，洒水后不得留有积水。叠合面对于预制与现浇混凝土的结合有重要作用，因此，要遵照叠合构件混凝土浇筑前表面清洁与施工技术处理的相关规定。

（2）叠合构件混凝土浇筑前，应检查并校正预制构件的外露钢筋。

（3）叠合构件混凝土浇筑时，应采取由中间向两边的方式。

（4）叠合构件与周边现浇混凝土结构连接处，浇筑混凝土时应加密振捣点，当采取延长振捣时间措施时，应符合有关标准和施工作业要求；叠合构件混凝土浇筑时，不应移动预埋件的位置，且不得污染预埋外露连接部位。

（5）叠合构件上一层混凝土剪力墙吊装施工，应在剪力墙锚固的叠合构件后浇层混凝土达到足够强度后进行。如图 4-19 所示为叠合板混凝土浇筑。

图 4-19 叠合板混凝土浇筑

4-6 桁架混凝土叠合楼板现场安装

三、预制混凝土叠合梁构件现场施工

1.叠合梁钢筋连接节点识读

（1）叠合梁可采用对接连接（图 4-20），连接处应设置后浇段，后浇段的长度应满足梁下部纵向钢筋连接作业的空间需求。梁下部纵向钢筋在后浇段内宜采用机械连接、套筒灌浆连接或焊接连接。后浇段内的箍筋应加密，箍筋间距不应大于 5d（d 为纵向钢筋直径），且不应大于 100mm。

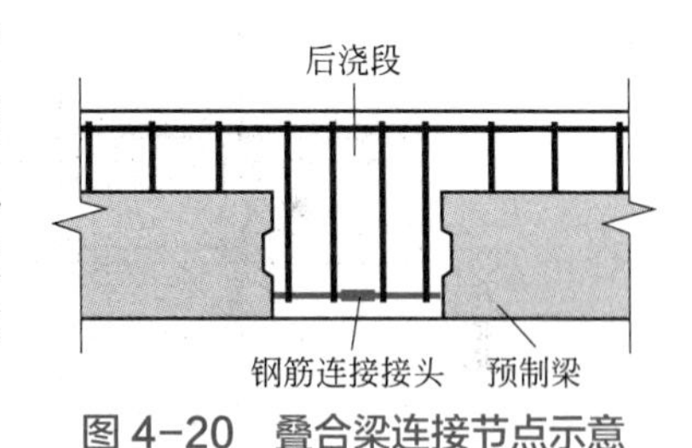

图 4-20 叠合梁连接节点示意

（2）主梁与次梁采用后浇段连接时，在端部节点处，次梁下部纵向钢筋伸入主梁后浇段内的长度不应小于 12d。次梁上部纵向钢筋应在主梁后浇段内锚固。当采用弯折锚固［图 4-21（a）］或锚固板时，锚固直段长度不应小于 $0.6l_{ab}$；当钢筋应力不大于钢筋强度设计值的 50% 时，锚固直段长度不应小于 $0.35l_{ab}$；弯折锚固的弯折后直段长度不应小于 12d（d 为纵向钢筋直径）。在中间节点处，两侧次梁的下部纵向钢筋伸入主梁后浇段内长度不应小于 12d（d 为纵向钢筋直径）；次梁上部纵向钢筋应在现浇层内贯通［图 4-21（b）］。

（3）采用预制柱及叠合梁的装配整体式框架节点，梁纵向受力钢筋应伸入后浇节点区内锚固或连接，并应符合下列规定：

① 对框架中间层中节点，节点两侧的梁下部纵向受力钢筋宜锚固在后浇节点区内［图 4-22（a）］，也可采用机械连接或焊接的方式直接连接［图 4-22（b）］；梁的上部纵向受力钢筋应贯穿后浇节点区。

② 对框架中间层端节点，当柱截面尺寸不满足梁纵向受力钢筋的直线锚固要求时，宜采用锚固板锚固（图 4-23），也可采用 90° 弯折锚固。

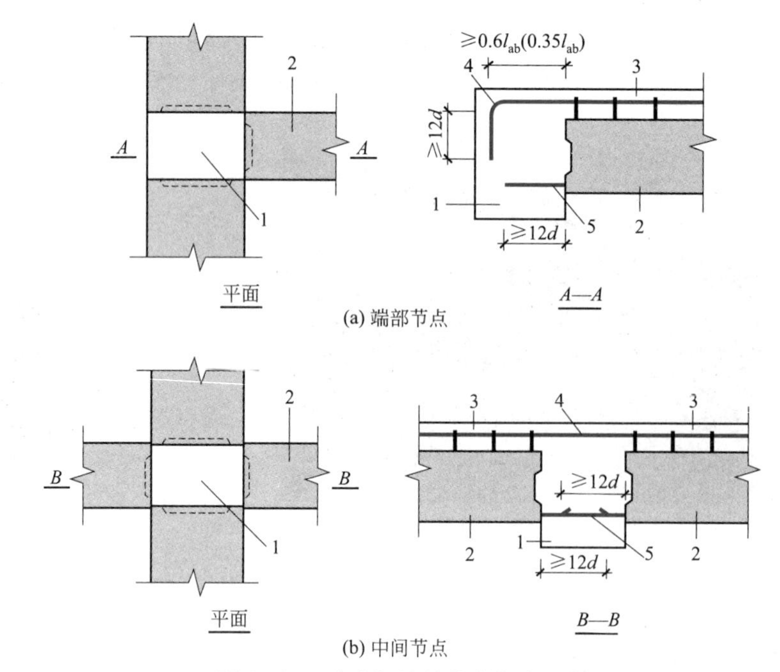

图 4-21　主次梁连接节点构造示意

1—主梁后浇段；2—次梁；3—后浇混凝土叠合层；4—次梁上部纵向钢筋；5—次梁下部纵向钢筋

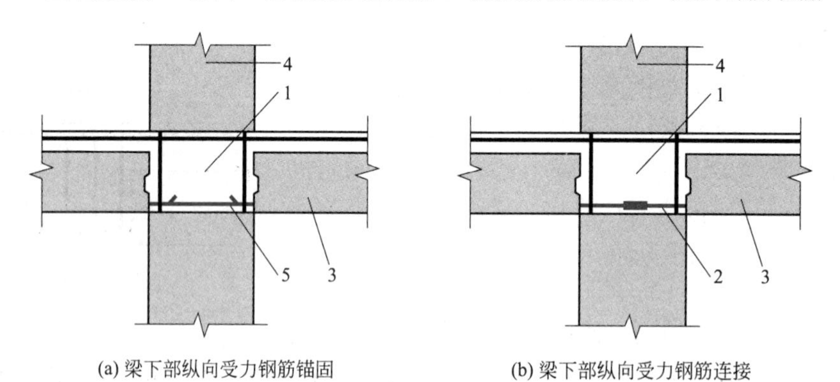

图 4-22　预制柱及叠合梁框架中间层中节点构造示意

1—后浇节点区；2—梁下部纵向受力钢筋连接；3—预制梁；4—预制柱；5—梁下部纵向受力钢筋锚固

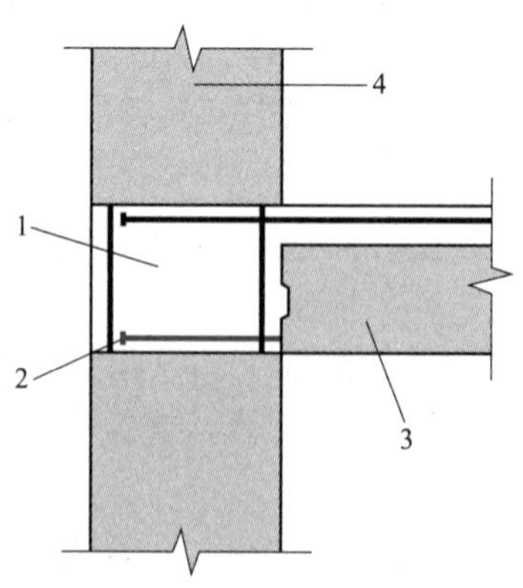

图 4-23　预制柱及叠合梁框架中间层端节点构造示意

1—后浇节点区；2—梁纵向受力钢筋锚固；3—预制梁；4—预制柱

③ 对框架顶层中节点，梁纵向受力钢筋的构造应符合上述①的规定。柱纵向受力钢筋宜采用直线锚固；当梁截面尺寸不满足直线锚固要求时，宜采用锚固板锚固（图 4-24）。

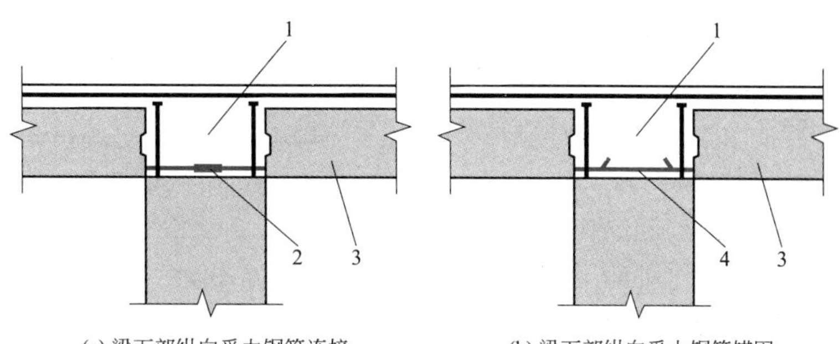

(a) 梁下部纵向受力钢筋连接　　(b) 梁下部纵向受力钢筋锚固

图 4-24　预制柱及叠合梁框架顶层中节点构造示意

1—后浇节点区；2—梁下部纵向受力钢筋连接；3—预制梁；4—梁下部纵向受力钢筋锚固

④ 对框架顶层端节点，梁下部纵向受力钢筋应锚固在后浇节点区内，且宜采用锚固板的锚固方式。梁、柱其他纵向受力钢筋的锚固应符合以下要求：柱宜伸出屋面并将柱纵向受力钢筋锚固在伸出段内［图 4-25（a）］，伸出段长度不宜小于 500mm，伸出段内箍筋间距不应大于 5d（d 为柱纵向受力钢筋直径），且不应大于 100mm；柱纵向钢筋宜采用锚固板锚固，锚固长度不应小于 40d；梁上部纵向受力钢筋宜采用锚固板锚固；柱外侧纵向受力钢筋也可与梁上部纵向受力钢筋在后浇节点区搭接［图 4-25（b）］，其构造要求应符合现行国家标准《混凝土结构设计规范》（GB 50010—2010）（2015 年版）中的规定；柱内侧纵向受力钢筋宜采用锚固板锚固。

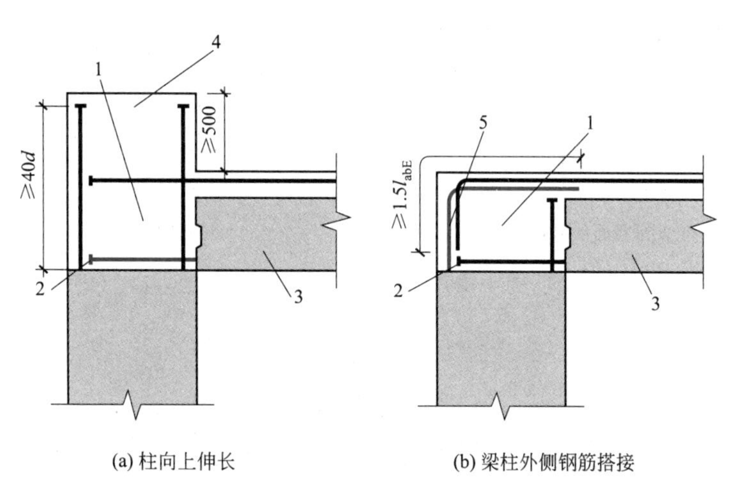

(a) 柱向上伸长　　(b) 梁柱外侧钢筋搭接

图 4-25　预制柱及叠合梁框架顶层端节点构造示意

1—后浇节点区；2—梁下部纵向受力钢筋锚固；3—预制梁；4—柱延伸段；5—梁柱外侧钢筋搭接

（4）采用预制柱及叠合梁的装配整体式框架节点，梁下部纵向受力钢筋也可伸至节点区外的后浇段内连接（图 4-26），连接接头与节点区的距离不应小于 1.5h_0（h_0 为梁截面有效高度）。

2.叠合梁钢筋安装施工

钢筋定位除满足竖向构件现浇连接部位的相关规定外，梁柱节点区的柱箍筋应预先安装于预制柱钢筋上，随预制柱一同安装就位。预制叠合梁采用封闭箍筋时，预制梁上部纵筋应预先穿入箍筋内临时固定，并随预制梁一同安装就位；采用开口箍筋时，预制梁上部纵筋可在现场安装。

图 4-26　梁纵向钢筋在节点区外的后浇段内连接示意

3.叠合梁后浇混凝土模板施工

模板与支撑安装除满足竖向构件现浇连接部位的相关规定外，预制梁下部的竖向支撑还应采取点式支撑，支撑位置与间距应根据施工验算确定；竖向支撑宜选用可调标高的定型独立钢支架；搁置长度及搁置面的标高应符合设计要求。

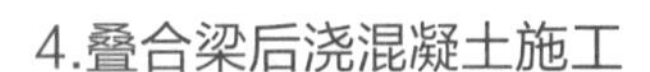

4.叠合梁后浇混凝土施工

4-7 混凝土浇筑施工

4-8 预制墙板梁交接处

装配整体式框架结构中，当采用叠合梁时，框架梁的后浇混凝土叠合层厚度不宜小于150mm［图 4-27（a）］，次梁的后浇混凝土叠合层厚度不宜小于120mm；当采用凹口截面预制梁时［图 4-27（b）］，凹口深度不宜小于50mm，凹口边厚度不宜小于60mm。

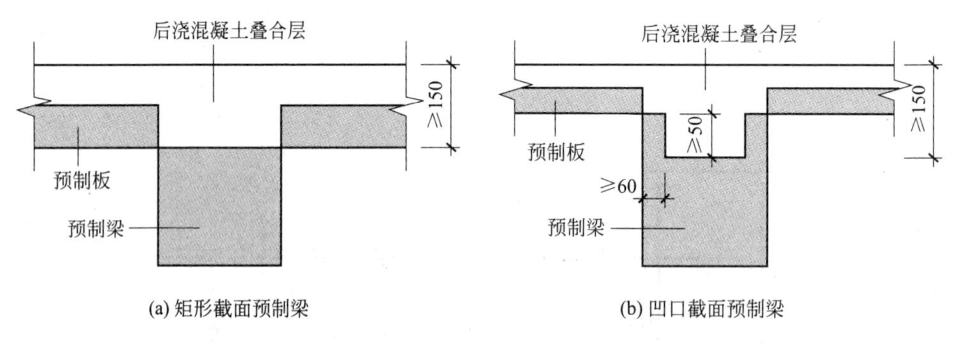

图 4-27　叠合框架梁截面示意

单元三　装配式混凝土结构设备及管线安装施工

一、设备与管线安装要求

（1）设备与管线施工质量应符合设计文件和现行国家标准《建筑给水排水及采暖工程施工质量验收规范》（GB 50242—2002）、《通风与空调工程施工质量验收规范》（GB 50243—

2016）、《智能建筑工程施工规范》（GB 50606—2010）、《智能建筑工程质量验收规范》（GB 50339—2013）、《建筑电气工程施工质量验收规范》（GB 50303—2015）和《火灾自动报警系统施工及验收标准》（GB 50166—2019）的规定。

（2）设备与管线需要与结构构件连接时，宜采用预留埋件的连接方式。当采用其他连接方法时，不得影响混凝土构件的完整性与结构的安全性。

（3）设备与管线施工前，应按设计文件核对设备及管线参数，并应对结构构件预埋套管及预留孔洞的尺寸、位置进行复核，合格后方可施工。

（4）室内架空地板内排水管道支（托）架及管座（墩）在安装前，应按排水坡度排列整齐，支（托）架与管道接触紧密，非金属排水管道采用金属支架时，应在与管外径接触处设置橡胶垫片。

（5）隐蔽在装饰墙体内的管道，其安装应牢固可靠。管道安装部位的装饰结构应采取方便更换、维修的措施。

（6）当管线需埋置在桁架钢筋混凝土叠合板后浇混凝土中时，应设置在桁架上弦钢筋下方，管线之间不宜交叉。

（7）防雷引下线、防侧击雷、等电位连接施工应与预制构件安装配合。利用预制柱、预制梁、预制墙板内钢筋作为防雷引下线、接地线时，应按设计要求进行预埋和跨接，并进行引下线导通性试验，保证连接的可靠性。如图 4-28 所示为水、电线盒预埋，图 4-29 为电管预埋。

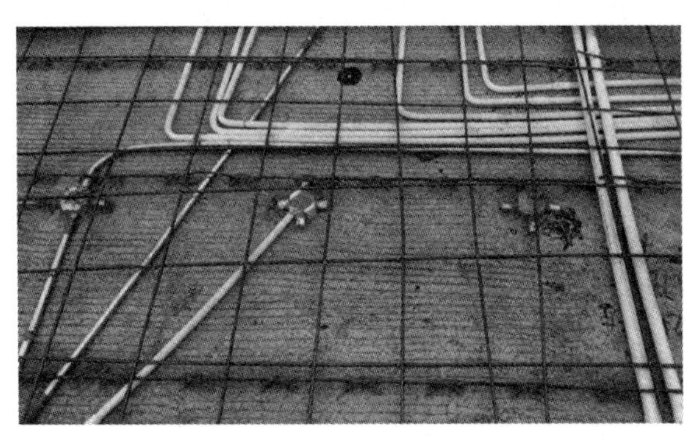

图 4-28　水、电线盒预埋

图 4-29　电管预埋

二、部品安装

4-9 装配式混凝土结构工程的水电安装

（1）装配式混凝土建筑的部品安装宜与主体结构同步进行，可在安装部位的主体结构验收合格后进行，并应符合国家现行有关标准的规定。

（2）安装前应编制施工组织设计和专项施工方案，包括安全、质量、环境保护方案及施工进度计划等内容；应对所有进场部品、零配件及辅助材料按设计规定的品种、规格、尺寸和外观要求进行检查；应进行技术交底；现场应具备安装条件，安装部位应清理干净；装配安装前应进行测量放线工作。

（3）严禁擅自改动主体结构或改变房间的主要使用功能，严禁擅自拆改燃气、暖通、电气等配套设施。

（4）部品吊装应采用专用吊具，起吊和就位应平稳，避免磕碰。

（5）预制外墙安装。墙板应设置临时固定和调整装置；墙板应在轴线、标高和垂直度调校合格后方可永久固定；当条板采用双层墙板安装时，内、外层墙板的拼缝宜错开；蒸压加气混凝土板施工应符合现行行业标准《蒸压加气混凝土制品应用技术标准》（JGJ/T 17—2020）的规定。

（6）现场组合骨架外墙安装。竖向龙骨安装应平直，不得扭曲，间距应满足设计要求；空腔内的保温材料应连续、密实，并应在隐蔽验收合格后方可进行面板安装；面板安装方向及拼缝位置应满足设计要求，内外侧接缝不宜在同一根竖向龙骨上；木骨架组合墙体施工应符合现行国家标准《木骨架组合墙体技术标准》（GB/T 50361—2018）的规定。

（7）幕墙安装。玻璃幕墙安装应符合现行行业标准《玻璃幕墙工程技术规范》（JGJ 102—2003）的规定；金属与石材幕墙安装应符合现行行业标准《金属与石材幕墙工程技术规范》（JGJ 133—2001）的规定；人造板材幕墙安装应符合现行行业标准《人造板材幕墙工程技术规范》（JGJ 336—2016）的规定。

（8）外门窗安装。铝合金门窗安装应符合现行行业标准《铝合金门窗工程技术规范》（JGJ 214—2010）的规定；塑料门窗安装应符合现行行业标准《塑料门窗工程技术规程》（JGJ 103—2008）的规定。

（9）轻质隔墙部品的安装。条板隔墙的安装应符合现行行业标准《建筑轻质条板隔墙技术规程》（JGJ/T 157—2014）的有关规定。龙骨隔墙安装，龙骨骨架应与主体结构连接牢固，并应垂直、平整、位置准确；龙骨的间距应满足设计要求；门、窗、洞口等位置应采用双排竖向龙骨；壁挂设备、装饰物等的安装位置应设置加固措施；隔墙饰面板安装前，应进行隔墙板内管线隐蔽工程验收；面板拼缝应错缝设置，当采用双层面板安装时，上下层板的接缝应错开。

（10）吊顶部品的安装。装配式吊顶龙骨应与主体结构固定牢靠；超过3kg的灯具、电扇及其他设备应设置独立吊挂结构；饰面板安装前应完成吊顶内管道、管线施工，并经隐蔽验收合格。

（11）架空地板部品的安装。安装前应完成架空层内管线敷设，且应经隐蔽验收合格；地板辐射供暖系统应对地暖加热管进行水压试验并隐蔽验收合格后方可铺设面层。

拓展知识一　装配式建筑施工现场安全管理

装配式混凝土建筑施工应执行国家、地方、行业和企业的安全生产法规和规章制度，落实各级各类人员的安全生产责任制。施工单位应根据工程施工特点对重大危险源进行分析并予以公示，并制订相对应的安全生产应急预案。施工单位应对从事预制构件吊装作业的相关人员进行安全培训与技术交底，识别预制构件进场、卸车、存放、吊装、就位各环节的作业风险，并制订防控措施。

一、装配式建筑预制构件现场施工前安全管理

预制构件安装作业开始前，应对安装作业区进行围护并做出明显的标识，拉警戒线，根据危险源级别安排旁站，严禁与安装作业无关的人员进入。施工作业使用的专用吊具、吊索、定型工具式支撑、支架等，应进行安全验算，使用中进行定期、不定期检查，确保其状态安全。

二、装配式建筑预制构件现场施工作业安全管理

（1）预制构件起吊后，应先将预制构件提升 300mm 左右，停稳构件，检查钢丝绳、吊具和预制构件状态，确认吊具安全且构件平稳后，方可缓慢提升构件。

（2）吊机吊装区域内，非作业人员严禁进入；吊运预制构件时，构件下方严禁站人，应待预制构件降落至距地面 1m 以内方准作业人员靠近，就位固定后方可脱钩。

（3）高空中时，应通过揽风绳改变预制构件方向，严禁高空直接用手扶预制构件。

（4）遇到雨、雪、雾天气，或者风力大于 5 级时，不得进行吊装作业。

（5）夹芯保温外墙板后浇混凝土连接节点区域的钢筋连接施工时，不得采用焊接连接。

（6）预制构件安装施工期间，噪声控制应符合现行国家标准《建筑施工场界环境噪声排放标准》（GB 12523—2011）的规定。

（7）施工现场应加强对废水、污水的管理，现场应设置污水池和排水沟。废水、废弃涂料、胶料应统一处理，严禁未经处理直接排入下水管道。

（8）夜间施工时，应防止光污染对周边居民造成影响。

（9）预制构件运输过程中，应保持车辆整洁，防止对场内道路造成污染，并减少扬尘。

（10）预制构件安装过程中废弃物等应进行分类回收。施工中产生的胶黏剂、稀释剂等易燃易爆废弃物应及时收集送至指定储存器内并按规定回收，严禁丢弃未经处理的废弃物。

（11）装配式结构施工过程中应采取安全措施，并应符合现行行业标准《建筑施工高处作业安全技术规范》（JGJ 80—2016）、《建筑机械使用安全技术规程》（JGJ 33—2012）和《施工现场临时用电安全技术规范》（JGJ 46—2005）等的有关规定。

拓展知识二　装配式建筑现场施工成品保护管理

现场施工成品保护管理内容如下：

（1）交叉作业时，应做好工序交接，不得对已完成工序的成品、半成品造成破坏。

（2）在装配式混凝土建筑施工全过程中，应采取防止预制构件、部品及预制构件上的建筑附件、预埋件、预埋吊件等损伤或污染的保护措施。

（3）预制构件饰面砖、石材、涂刷、门窗等处宜采用贴膜保护或其他专业材料保护。安装完成后，门窗框应采用槽型木框保护。

（4）连接止水条、高低口、墙体转角等薄弱部位，应采用定型保护垫块或专用式套件作加强保护。

（5）预制楼梯饰面应采用铺设木板或其他覆盖形式的成品保护措施。楼梯安装后，踏步口宜采用铺设木条或其他覆盖形式的保护措施。

（6）遇有大风、大雨、大雪等恶劣天气时，应采取有效措施对存放预制构件成品进行保护。

（7）装配式混凝土建筑的预制构件和部品在安装施工过程、施工完成后，不应受到施工

机具碰撞。

（8）施工梯架、工程用的物料等不得支撑、顶压或斜靠在部品上。

（9）当进行混凝土地面等施工时，应防止物料污染、损坏预制构件和部品表面。

思政小故事

梁思成

梁思成（1901.4.20—1972.1.9），建筑学家。广东新会人。

1923 年毕业于清华学校。1927 年获美国宾夕法尼亚大学硕士学位，1947 年获普林斯顿大学荣誉文学博士学位。1948 年选聘为中央研究院院士，清华大学教授。1928 年回国在东北大学创办建筑系。1931 年在北京加入了专门研究中国古代建筑的学术机构——中国营造学社。1946 年创办清华大学建筑系。

梁思成毕生从事教育和中国古代建筑史的研究工作。从 20 世纪 30 年代开始，亲自主持并参加调查过 2000 多处古代建筑的实例，积累了大量的中国古代建筑珍贵资料，对中国古代建筑、古代艺术的发展、特征和成就进行过系统和深入的研究。1949 年后，积极参加首都北京的城市规划工作。主持了中华人民共和国国徽、人民英雄纪念碑的设计，参与了北京十大建筑的设计工作。领导清华大学建筑系为中国培养了一大批优秀的建筑人才。

1955 年选聘为中国科学院院士（学部委员）。

能力训练题

一、单选题

1. 下列关于预制外墙间接缝施工顺序，正确的是（　　）。

A. 基层处理→贴美纹纸→填充泡沫棒→刷底漆→打专用防水密封胶→刮平收光→拆除美纹纸

B. 基层处理→填充泡沫棒→贴美纹纸→打专用防水密封胶→刷底漆→刮平收光→拆除美纹纸

C. 基层处理→贴美纹纸→填充泡沫棒→打专用防水密封胶→刷底漆→拆除美纹纸→刮平收光

D. 基层处理→刷底漆→贴美纹纸→刮平收光→填充泡沫棒→打专用防水密封胶→拆除美纹纸

2. 预制外墙接缝防水构造中不起防水作用的是（　　）。

A. 建筑耐候胶　　B. 发泡聚乙烯棒　　C. 高低缝反槛　　D. 保温层

3. 预制外墙接缝竖缝宜采用（　　）构造。

A. 平口　　B. 槽口或企口　　C. 平口或槽口　　D. 平口或企口

4. 图纸会审是由（　　）组织，施工、监理、设计单位负责人参加，其目的有两个：一是使施工单位和各参建单位熟悉设计图纸，了解工程特点和设计意图，找出需要解决的技术难题，并制订解决方案；二是解决图纸中存在的问题，减少图纸的差错，使设计经济合理、符合需求，以利于施工顺利进行。

A. 建设单位　　B. 监理单位　　C. 设计单位　　D. 施工单位

5. 装配式混凝土结构工程施工前，应由相关单位完成深化设计，并经原（　　）确认。

A. 设计单位　　B. 施工单位　　C. 监理单位　　D. 建设单位

6. 预制剪力墙底部接缝宜设置在楼面标高处，且接缝高度宜为（　　）mm。

A.10　　B.15　　C.20　　D.25

7. 对于装配式混凝土剪力墙结构，可以将剪力墙边缘构件后浇混凝土段内（　　）作为防雷引下线。

A. 钢筋　　B. 混凝土　　C. 扁铁　　D. 扁钢

8. 灌浆施工时，环境温度不应低于（　　）。

A.0℃　　B.5℃　　C.7℃　　D.10℃

9. 预制墙板的上部斜支撑，其支撑点距离底部的距离不宜小于高度的（　　），且不应小于高度的 1/2。

A.2/3　　B.2/5　　C.3/4　　D.3/5

10. 按照《混凝土结构工程施工规范》（GB 50666—2011）的规定，大体积混凝土施工时，应对混凝土进行温度控制，混凝土入模温度不宜大于（　　）℃；混凝土浇筑体最大温升值不宜大于 50℃。

A.20　　B.25　　C.30　　D.35

11. 按照《混凝土结构工程施工规范》（GB 50666—2011）的规定，混凝土制备时，混凝土的工作性指标应根据结构形式、运输方式和距离、（　　）、浇筑和振捣方式，以及工程所处环境条件等确定。

A. 泵送高度　　B. 泵送范围　　C. 泵送跨度　　D. 泵送宽度

12. 由（　　）与企业签订“安全生产责任书”。

A. 公司经理　　B. 项目经理　　C. 公司技术负责人　　D. 公司质量负责人

13. 由（　　）向各专业技术负责人、各专业技术负责人向施工员、施工员向班组及施工队层层交底。

A. 项目技术负责人　　B. 项目经理　　C. 公司技术负责人　　D. 公司质量负责人

14. 施工现场（　　），对施工现场安全总负责。

A. 项目经理　　B. 生产经理　　C. 施工员　　D. 工程师

15. 框架结构装配式建筑的预制柱是在工厂加工制作的，两端柱体对接时，较多采用的是（　　）连接方式。

A. 灌浆套筒　　B. 绑扎　　C. 焊接　　D. 套筒挤压

16. 装配式构件应在金属管道入户处做等电位联结，卫生间内的金属构件应进行等电位联结，应在装配式构件中预留好（　　）。

A. 等电位联结点　　B. 防雷接地　　C. 避雷接地　　D. 避雷引下线

二、多选题

1. 按照《混凝土结构工程施工规范》（GB 50666—2011）的规定，当纵向受力钢筋采用机械连接接头或焊接接头时，下列关于接头的设置规定，描述正确的是（　　）。

A. 同一构件内的接头宜分批错开

B. 接头连接区段的长度为 35*d*，且不应小于 500mm，凡接头中点位于该连接区段长度内的接头应属于同一连接区段；其中 *d* 为相互连接两根钢筋中的较小直径

C. 同一连接区段内，纵向受力钢筋接头面积百分率为该区段内有接头的纵向受力钢筋截面面积与全部纵向受力钢筋截面面积的比值；纵向受力钢筋的接头面积百分率，对于受拉接头，不宜大于 25%

D. 同一连接区段内，纵向受力钢筋接头面积百分率为该区段内有接头的纵向受力钢筋截面面积与全部纵向受力钢筋截面面积的比值；纵向受力钢筋的接头面积百分率，对于受拉接头，不宜大于 50%；受压接头，可不受限制

2. 按照《混凝土结构工程施工规范》（GB 50666—2011）的规定，下列关于钢筋箍筋、拉筋的末端弯钩描述正确的是（　　）。

A. 对一般结构构件，箍筋弯钩的弯折角度不应小于 90°，弯折后平直段长度不应小于箍筋直径的 5 倍

B. 对有抗震设防要求或设计有专门要求的结构构件，箍筋弯钩的弯折角度不应小于 135°，弯折后平直段长度不应小于箍筋直径的 10 倍和 75mm 两者之中的较大值

C. 圆形箍筋的搭接长度不应小于其受拉锚固长度，且两末端均应做不小于 135° 的弯钩，弯折后平直段长度不应小于箍筋直径的 10 倍和 75mm 两者之中的较大值

D. 圆形箍筋的搭接长度不应小于其受拉锚固长度，且两末端均应做不小于 135° 的弯钩，弯折后平直段长度对一般结构构件不应小于箍筋直径的 5 倍，对有抗震设防要求的结构构件不应小于箍筋直径的 10 倍和 75mm 的较大值

3. 预制墙构件安装时应符合下列哪些规定（　　）。

A. 构件安装前应清洁结合面

B. 构件底部应设置可调整接缝厚度和底部标高的垫块

C. 钢筋套筒灌浆连接接头灌浆前，应对接缝周围进行封堵

D. 钢筋套筒灌浆连接接缝周围封堵措施应符合结合面承载力设计要求

4. 下列预制外墙接缝规定不正确的是（　　）。

A. 接缝位置宜与建筑立面分格相对应

B. 竖缝必须采用槽口构造，水平缝必须采用企口构造

C. 当板缝空腔需设置导水管排水时，板缝内侧不用再增设密封构造

D. 宜避免接缝跨越防火分区

5. 下列关于预制墙板构件安装临时支撑的规定，说法正确的是（　　）。

A. 每个预制构件的临时支撑不宜少于 2 道

B. 墙板上的上部斜支撑，其支撑点距离底部的距离不宜小于高度的 2/3，且不应小于高度的 1/2

C. 构件安装就位后，可通过临时支撑对构件的位置和垂直度进行微调

D. 临时固定措施的拆除应在装配式混凝土剪力墙结构能达到后续施工承载要求后进行

6. 按照《混凝土结构工程施工规范》（GB 50666—2011）的规定，混凝土现场浇筑时，混凝土输送泵的选择及布置应符合下列规定（　　）。

A. 输送泵的选择应根据工程特点、混凝土输送高度和距离、混凝土工作性确定

B. 输送泵设置的位置应满足施工要求，场地应平整、坚实，道路应畅通

C. 输送泵的作业范围不得有阻碍物

D. 输送泵的数量应根据混凝土浇筑量和施工条件确定，必要时应设置备用泵

7. 按照《混凝土结构工程施工规范》（GB 50666—2011）的规定，混凝土制备时，对首次使用的配合比应进行开盘鉴定，开盘鉴定应包括下列内容（　　）。

A. 混凝土的原材料与配合比设计所采用原材料的一致性

B. 出机混凝土工作性与配合比设计要求的一致性

C. 混凝土强度和混凝土凝结时间

D. 工程有要求时，尚应包括混凝土耐久性能等

8. 安全事故报告制度和处理事故“四不放过”制度。发生工伤事故后，立即上报主管部门，按“四不放过”的原则进行调查、处理，并写出调查报告。“四不放过”原则包括（　　）。

A. 事故原因分析不清楚不放过

B. 没有制定出防范措施不放过

C. 责任人和群众没有受到教育不放过

D. 责任人没有受到处理不放过

9. 按照《混凝土结构工程施工规范》（GB 50666—2011）的规定，构件交接处的钢筋位置应符合设计要求。当设计无具体要求时，应符合下列规定（　　）。

A. 应保证主要受力构件和构件中主要受力方向的钢筋位置

B. 框架节点处梁纵向受力钢筋宜放在柱纵向钢筋内侧

C. 当主次梁底部标高相同时，次梁下部钢筋应放在主梁下部钢筋之上

D. 剪力墙中水平分布钢筋宜放在外侧，并宜在墙端弯折锚固

10. 下列关于混凝土施工时振动棒振捣混凝土的说法正确的是（　　）。

A. 应按分层浇筑厚度进行振捣，振动棒的前端应插入前一层混凝土中，插入深度不应小于 20mm

B. 振动棒应垂直于混凝土表面并快插慢拔、均匀振捣

C. 当混凝土表面无明显塌陷、有水泥浆出现且不再冒气泡时，应结束该部位振捣

D. 振动棒与模板的距离不应大于振动棒作用半径的 60%

三、判断题

1. 混凝土浇筑的布料点宜接近浇筑位置，应采取减少混凝土下料冲击的措施，宜先浇筑水平构件，后浇筑竖向结构构件。（　　）

2. 施工现场平面布置图设计时，要合理规划预制构件堆放区域，可以二次搬运，但是不要出现三次搬运。(　　)

3. 施工现场平面布置图设计原则要求平面布置科学合理，减少施工场地的占用面积。(　　)

4. 后浇剪力墙竖向分布钢筋可在楼面或基础顶面以上 100mm 处采用 I 级接头进行机械连接。(　　)

5. 直径大于 20mm 的钢筋不宜采用浆锚搭接连接，直接承受动力荷载构件的纵向钢筋不应采用浆锚搭接连接。(　　)

6. 预制构件节点及接缝处后浇混凝土强度等级可与预制构件的混凝土强度等级相等。(　　)

7. 多层剪力墙结构中，墙板水平接缝用浆材料的强度等级值可与被连接构件的混凝土强度等级值相等。(　　)

8. 灌浆料拌合物应采用电动设备搅拌充分、均匀，并宜静置 2min 后使用；搅拌完成后，可以继续加水。(　　)

9. 装配式剪力墙结构现浇混凝土模板的拆除顺序为：先支后拆，后支先拆，先拆承重模板后拆非承重模板，并应从上而下进行拆除。(　　)

10. 建筑施工现场用脚手架可以不考虑防雷接地。(　　)

11. 跨度大于 6m 的叠合板，宜采用桁架钢筋混凝土叠合板。(　　)

12. 混凝土浇筑时宜先浇筑强度等级低的混凝土，后浇筑强度等级高的混凝土。(　　)

13. 整体卫浴内的金属构件应在部品内完成等电位联结，并标明和外部联结的接口位置。(　　)

14. 装配式结构中，预制构件的连接部位宜设置在结构受力较大部位。(　　)

四、问答题

1. 施工现场“四口”指的是哪四口？

2. 施工现场“三宝”指的是哪些？

3. 施工现场“四不放过”原则的内容是什么？

模块五

装配式混凝土结构质量控制

【知识目标】

• 了解装配式混凝土结构质量控制内容。

• 了解影响装配式混凝土结构质量的因素及质量控制的依据。

• 熟悉预制构件生产阶段的质量控制与验收。

• 掌握装配式混凝土结构施工阶段质量控制与验收方法。

• 掌握装配式混凝土结构验收阶段质量控制与验收方法。

【技能目标】

• 能够编制预制构件现场施工质量控制的专项方案。

• 会选择专用质量检测设备，并对预制构件生产阶段质量进行控制。

• 选择专用质量检测设备，并对现场施工阶段质量进行控制。

• 会查阅各种相关的验收规范、图集和规程，能够正确领会并执行国家有关建筑施工规范、规程和标准。

• 能利用所学专业知识解决装配式结构质量控制中遇到的一般质量问题。

【素质目标】

• 养成创新思维和严谨的科学态度，热爱行业，具有强烈的求知欲。

• 引导学生将自身发展与行业特点紧密联系，逐步形成良好的学习习惯和细致的工作态度，具备较强的质量意识和现场管理能力。

• 树立爱岗敬业、诚实守信、团结协作、不忘初心的品质，精密施工，促进智能发展。

单元一　预制构件生产阶段的质量控制

预制构件生产宜建立首件验收制度。预制构件的原材料质量、钢筋加工和连接的力学性能、混凝土强度、构件结构性能、装饰材料、保温材料及拉结件的质量等均应根据国家现行有关标准进行检查和检验，并应具有生产操作规程和质量检验记录。预制构件生产的质量检验应按模具、钢筋、混凝土、预应力、预制构件等项目进行。预制构件的质量评定应根据钢筋、混凝土、预应力、预制构件的试验、检验资料等项目进行。当上述各检验项目的质量均合格时，方可评定为合格产品。

一、预制构件生产用原材料及配件质量控制

（1）原材料及配件应按照国家现行有关标准、设计文件及合同约定进行进厂检验。检验批划分应符合下列规定：

① 预制构件生产单位将采购的同一厂家同批次材料、配件及半成品用于生产不同工程的预制构件时，可统一划分检验批。

② 获得认证的或来源稳定且连续三批均一次检验合格的原材料及配件，进场检验时检验批的容量可按本标准的有关规定扩大一倍，且检验批容量仅可扩大一倍。扩大检验批容量后的检验中，出现不合格情况时，应按扩大前的检验批容量重新验收，且该种原材料或配件不得再次扩大检验批容量。

（2）钢筋进厂时，应全数检查外观质量，并应按国家现行有关标准的规定抽取试件做屈服强度、抗拉强度、伸长率、弯曲性能和重量偏差检验，检验结果应符合相关标准的规定，检查数量应按进厂批次和产品的抽样检验方案确定。

（3）成型钢筋进厂检验应符合下列规定：

① 同一厂家、同一类型且同一钢筋来源的成型钢筋，不超过 30t 为一批，每批中每种钢筋牌号、规格均应至少抽取 1 个钢筋试件，总数不应少于 3 个，进行屈服强度、抗拉强度、伸长率、外观质量、尺寸偏差和重量偏差检验，检验结果应符合国家现行有关标准的规定；

② 对由热轧钢筋组成的成型钢筋，当有企业或监理单位的代表驻厂监督加工过程并能提供原材料力学性能检验报告时，可仅进行重量偏差检验。

（4）预应力筋进厂时，应全数检查外观质量，并应按国家现行相关标准的规定抽取试件做抗拉强度、伸长率检验，其检验结果应符合相关标准的规定，检查数量应按进厂的批次和产品的抽样检验方案确定。

（5）预应力筋锚具、夹具和连接器进厂检验应符合下列规定：

① 同一厂家、同一型号、同一规格且同一批号的锚具不超过 2000 套为一批，夹具和连接器不超过 500 套为一批；

② 每批随机抽取 2% 的锚具（夹具或连接器）且不少于 10 套进行外观质量和尺寸偏差检验，每批随机抽取 3% 的锚具（夹具或连接器）且不少于 5 套对有硬度要求的零件进行硬度检验，经上述两项检验合格后，应从同批锚具中随机抽取 6 套锚具（夹具或连接器）组成 3 个预应力锚具组装件，进行静载锚固性能试验；

③ 对于锚具用量较少的一般工程，如锚具供应商提供了有效的锚具静载锚固性能试验合格的证明文件，可仅进行外观检查和硬度检验；

④ 检验结果应符合现行行业标准《预应力筋用锚具、夹具和连接器应用技术规程》（JGJ 85—2010）的有关规定。

（6）水泥进厂检验应符合下列规定：

① 同一厂家、同一品种、同一代号、同一强度等级且连续进厂的硅酸盐水泥，袋装水泥不超过 200t 为一批，散装水泥不超过 500t 为一批；按批抽取试样进行水泥强度、安定性和凝结时间检验，设计有其他要求时，尚应对相应的性能进行试验，检验结果应符合现行国家标准《通用硅酸盐水泥》（GB 175—2007）的有关规定。

② 同一厂家、同一强度等级、同白度且连续进厂的白色硅酸盐水泥，不超过 50t 为一批；按批抽取试样进行水泥强度、安定性和凝结时间检验，设计有其他要求时，尚应对相应的性能进行试验，检验结果应符合现行国家标准《白色硅酸盐水泥》（GB/T 2015—2017）的有关规定。

（7）矿物掺合料进厂检验应符合下列规定：

① 同一厂家、同一品种、同一技术指标的矿物掺合料，粉煤灰和粒化高炉矿渣粉不超过 200t 为一批，硅灰不超过 30t 为一批；

② 按批抽取试样进行细度（比表面积）、需水量比（流动度比）和烧失量（活性指数）试验；设计有其他要求时，尚应对相应的性能进行试验；检验结果应分别符合现行国家标准《用于水泥和混凝土中的粉煤灰》（GB/T 1596—2017）、《用于水泥、砂浆和混凝土中的粒化高炉矿渣粉》（GB/T 18046—2017）和《砂浆和混凝土用硅灰》（GB/T 27690）的有关规定。

（8）减水剂进厂检验应符合下列规定：

① 同一厂家、同一品种的减水剂，掺量大于 1%（含 1%）的产品不超过 100t 为一批，掺量小于 1% 的产品不超过 50t 为一批；

② 按批抽取试样进行减水率、1d 抗压强度比、固体含量、含水率、pH 值和密度试验；

③ 检验结果应符合国家现行标准《混凝土外加剂》（GB 8076—2008）、《混凝土外加剂应用技术规范》（GB 50119—2013）和《聚羧酸系高性能减水剂》（JG/T 223—2017）的有关规定。

（9）骨料进厂检验应符合下列规定：

① 同一厂家（产地）且同一规格的骨料，不超过 400m^3 或 600t 为一批。

② 天然细骨料按批抽取试样进行颗粒级配、细度模数含泥量和泥块含量试验；机制砂和混合砂应进行石粉含量（含亚甲蓝）试验；再生细骨料还应进行微粉含量、再生胶砂需水量比和表观密度试验。

③ 天然粗骨料按批抽取试样进行颗粒级配、含泥量、泥块含量和针片状颗粒含量试验，压碎指标可根据工程需要进行检验；再生粗骨料应增加微粉含量、吸水率、压碎指标和表观密度试验。

④ 检验结果应符合国家现行标准《普通混凝土用砂、石质量及检验方法标准》（JGJ 52—2006）、《混凝土用再生粗骨料》（GB/T 25177—2010）和《混凝土和砂浆用再生细骨料》（GB/T 25176—2010）的有关规定。

（10）轻集料进厂检验应符合下列规定：

① 同一类别、同一规格且同密度等级的轻集料，不超过 200m^3 为一批；

② 轻细集料按批抽取试样进行细度模数和堆积密度试验，高强轻细集料还应进行强度标号试验；

③ 轻粗集料按批抽取试样进行颗粒级配、堆积密度、粒形系数、筒压强度和吸水率试验，高强轻粗集料还应进行强度标号试验；

④ 检验结果应符合现行国家标准《轻集料及其试验方法 第1部分：轻集料》（GB/T 17431.1—2010）的有关规定。

（11）混凝土拌制及养护用水应符合现行行业标准《混凝土用水标准》（JGJ 63—2006）的有关规定，并应符合下列规定：

① 采用饮用水时，可不检验；

② 采用中水、搅拌站清洗水或回收水时，应对其成分进行检验，同一水源每年至少检验一次。

（12）钢纤维和有机合成纤维应符合设计要求，进厂检验应符合下列规定：

① 用于同一工程的相同品种且相同规格的钢纤维，不超过20t为一批，按批抽取试样进行抗拉强度、弯折性能、尺寸偏差和杂质含量试验；

② 用于同一工程的相同品种且相同规格的合成纤维，不超过50t为一批，按批抽取试样进行纤维抗拉强度、初始模量、断裂伸长率、耐碱性能、分散性相对误差和混凝土抗压强度比试验，增韧纤维还应进行韧性指数和抗冲击次数比试验；

③ 检验结果应符合现行行业标准《纤维混凝土应用技术规程》（JGJ/T 221—2010）的有关规定。

（13）脱模剂应符合下列规定：

① 脱模剂应无毒、无刺激性气味，不应影响混凝土性能和预制构件表面装饰效果；

② 脱模剂应按照使用品种不同，在选用前及正常使用后每年进行一次匀质性和施工性能试验；

③ 检验结果应符合现行行业标准《混凝土制品用脱模剂》（JC/T 949—2021）的有关规定。

（14）保温材料进厂检验应符合下列规定：

① 同一厂家、同一品种且同一规格，不超过5000m^2为一批；

② 按批抽取试样进行热导率、密度、压缩强度、吸水率和燃烧性能试验；

③ 检验结果应符合设计要求和国家现行相关标准的有关规定。

（15）预埋吊件进厂检验应符合下列规定：

① 同一厂家、同一类别、同一规格预埋吊件，不超过10000件为一批；

② 按批抽取试样进行外观尺寸、材料性能、抗拉拔性能等试验；

③ 检验结果应符合设计要求。

（16）内外叶墙体拉结件进厂检验应符合下列规定：

① 同一厂家、同一类别、同一规格产品，不超过10000件为一批；

② 按批抽取试样进行外观尺寸、材料性能、力学性能检验，检验结果应符合设计要求。

（17）灌浆套筒和灌浆料进厂检验应符合现行行业标准《钢筋套筒灌浆连接应用技术规程》（JGJ 355—2015）的有关规定。

（18）钢筋浆锚连接用镀锌金属波纹管进厂检验应符合下列规定：

① 应全数检查外观质量，其外观应清洁，内外表面应无锈蚀、油污、附着物、孔洞，不应有不规则褶皱，咬口应无开裂、脱扣；

② 应进行径向刚度和抗渗漏性能检验，检查数量应按进场的批次和产品的抽样检验方案确定；

③ 检验结果应符合现行行业标准《预应力混凝土用金属波纹管》（JG/T 225—2020）的规定。

二、模具质量控制

（1）预制构件生产应根据生产工艺、产品类型等制订模具方案，应建立健全模具验收、使用制度。

（2）模具应具有足够的强度、刚度和整体稳固性，并应符合下列规定：

① 模具应装拆方便，并应满足对预制构件质量、生产工艺和周转次数等的要求；

② 结构造型复杂、外形有特殊要求的模具应制作样板，经检验合格后方可批量制作；

③ 模具各部件之间应连接牢固，接缝应紧密，附带的埋件或工装应定位准确，安装牢固；

④ 用作底模的台座、胎模、地坪及铺设的底板等应平整光洁，不得有下沉、裂缝、起砂和起鼓；

⑤ 模具应保持清洁，涂刷脱模剂、表面缓凝剂时应均匀、无漏刷、无堆积，且不得沾污钢筋，不得影响预制构件外观效果；

⑥ 应定期检查侧模、预埋件和预留孔洞定位措施的有效性，应采取防止模具变形和锈蚀的措施，重新启用的模具应检验合格后方可使用；

⑦ 模具与平模台间的螺栓、定位销、磁盒等固定方式应可靠，防止混凝土振捣成型时模具偏移和漏浆。

（3）除设计有特殊要求外，预制构件模具尺寸允许偏差和检验方法应符合表5-1的规定。

表5-1 预制构件模具尺寸允许偏差和检验方法

项次	检验项目、内容		允许偏差/mm	检验方法
1	长度	≤ 6m	1，−2	用尺量平行构件高度方向，取其中偏差绝对值较大处
		＞ 6m 且≤ 12m	2，−4	
		＞ 12m	3，−5	
2	宽度、高（厚）度	墙板	1，−2	用尺测量两端或中部，取其中偏差绝对值较大处
3		其他构件	2，−4	
4	底模表面平整度		2	用 2m 靠尺和塞尺量
5	对角线差		3	用尺量对角线
6	侧向弯曲		L/1500 且≤ 5	拉线，用钢尺量测侧向弯曲最大处
7	翘曲		L/1500	对角拉线测量交点间距离值的两倍
8	组装缝隙		1	用塞片或塞尺量测，取最大值
9	端模与侧模高低差		1	用钢尺量

（4）构件上的预埋件和预留孔洞宜通过模具进行定位，并安装牢固，其安装允许偏差应符合表5-2的规定。

表5-2 模具上预埋件、预留孔洞安装允许偏差

项次	检验项目		允许偏差/mm	检验方法
1	预埋钢板、建筑幕墙用槽式预埋组件	中心线位置	3	用尺量测纵横两个方向的中心线位置，取其中较大值
		平面高差	±2	钢直尺和塞尺检查
2	预埋管、电线盒、电线管水平和垂直方向的中心线位置偏移、预留孔、浆锚搭接预留孔（或波纹管）		2	用尺量测纵横两个方向的中心线位置，取其中较大值
3	插筋	中心线位置	3	用尺量测纵横两个方向的中心线位置，取其中较大值
		外露长度	+10,0	用尺量测

续表

项次	检验项目		允许偏差/mm	检验方法
4	吊环	中心线位置	3	用尺量测纵横两个方向的中心线位置，取其中较大值
		外露长度	0，-5	用尺量测
5	预埋螺栓	中心线位置	2	用尺量测纵横两个方向的中心线位置，取其中较大值
		外露长度	+5，0	用尺量测
6	预埋螺母	中心线位置	2	用尺量测纵横两个方向的中心线位置，取其中较大值
		平面高差	±1	钢直尺和塞尺检查
7	预留洞	中心线位置	3	用尺量测纵横两个方向的中心线位置，取其中较大值
		尺寸	+3，0	用尺量测纵横两个方向尺寸，取其中较大值
8	灌浆套筒及连接钢筋	灌浆套筒中心线位置	1	用尺量测纵横两个方向的中心线位置，取其中较大值
		连接钢筋中心线位置	1	用尺量测纵横两个方向的中心线位置，取其中较大值
		连接钢筋外露长度	+5,0	用尺量测

（5）预制构件中预埋门窗框时，应在模具上设置限位装置进行固定，并应逐件检验。门窗框安装允许偏差和检验方法应符合表5-3的规定。

表5-3 门窗框安装允许偏差和检验方法

项目		允许偏差/mm	检验方法
锚固脚片	中心线位置	5	钢尺检查
	外露长度	+5，0	钢尺检查
门窗框位置		2	钢尺检查
门窗框高、宽		±2	钢尺检查
门窗框对角线		±2	钢尺检查
门窗框的平整度		2	靠尺检查

三、钢筋及预埋件质量控制

（1）钢筋宜采用自动化机械设备加工，并应符合现行国家标准《混凝土结构工程施工规范》（GB 50666—2011）的有关规定。

（2）钢筋连接除应符合现行国家标准《混凝土结构工程施工规范》（GB 50666—2011）的有关规定外，尚应符合下列规定：

① 钢筋接头的方式、位置、同一截面受力钢筋的接头百分率、钢筋的搭接长度及锚固长度等应符合设计要求或国家现行有关标准的规定；

② 钢筋焊接接头、机械连接接头和套筒灌浆连接接头均应进行工艺检验，试验结果合格后方可进行预制构件生产；

③ 螺纹接头和半灌浆套筒连接接头应使用专用扭力扳手拧紧至规定扭力值；

④ 钢筋焊接接头和机械连接接头应全数检查外观质量；

⑤ 焊接接头、钢筋机械连接接头、钢筋套筒灌浆连接接头力学性能应符合现行行业标准《钢筋焊接及验收规程》（JGJ 18—2012）、《钢筋机械连接技术规程》（JGJ 107—2016）和《钢筋套筒灌浆连接应用技术规程》（JGJ 355—2015）的有关规定。

（3）钢筋半成品、钢筋网片、钢筋骨架和钢筋桁架应检查合格后方可进行安装，并应符合下列规定：

① 钢筋表面不得有油污，不应严重锈蚀。

② 钢筋网片和钢筋骨架宜采用专用吊架进行吊运。

③ 混凝土保护层厚度应满足设计要求。保护层垫块宜与钢筋骨架或网片绑扎牢固，按梅花状布置，间距满足钢筋限位及控制变形要求，钢筋绑扎丝甩扣应弯向构件内侧。

④ 钢筋成品的允许偏差应符合表 5-4 的规定，钢筋桁架尺寸允许偏差应符合表 5-5 的规定。

表 5-4　钢筋成品的允许偏差和检验方法

项目			允许偏差 /mm	检验方法
钢筋网片	长、宽		±5	钢尺检查
	网眼尺寸		±10	钢尺量连续三挡，取较大值
	对角线		5	钢尺检查
	端头不齐		5	钢尺检查
钢筋骨架	长		0，-5	钢尺检查
	宽		±5	钢尺检查
	高（厚）		±5	钢尺检查
	主筋间距		±10	钢尺量两端、中间各一点，取最大值
	主筋排距		±5	钢尺量两端、中间各一点，取最大值
	箍筋间距		±10	钢尺量连续三挡，取较大值
	弯起点位置		15	钢尺检查
	端头不齐		5	钢尺检查
	保护层	柱、梁	±5	钢尺检查
		板、墙	±3	钢尺检查

表 5-5　钢筋桁架尺寸允许偏差

项次	检验项目	允许偏差 /mm
1	长度	总长度的 ±0.3%，且不超过 ±10
2	高度	+1，-3
3	宽度	±5
4	扭翘	≤5

（4）预埋件用钢材及焊条的性能应符合设计要求。预埋件加工允许偏差应符合表 5-6 的规定。

表 5-6　预埋件加工允许偏差

项次	检验项目		允许偏差 /mm	检验方法
1	预埋件锚板的边长		0，-5	用钢尺量测
2	预埋件锚板的平整度		1	用直尺和塞尺量测
3	锚筋	长度	10，-5	用钢尺量测
		间距偏差	±10	用钢尺量测

四、预应力构件质量控制

（1）预制预应力构件生产应编制专项方案，并应符合现行国家标准《混凝土结构工程施工规范》（GB 50666—2011）的有关规定。

（2）预应力张拉台座应进行专项施工设计，并应具有足够的承载力、刚度及整体稳固性，应能满足各阶段施工荷载和施工工艺的要求。

（3）预应力筋下料应符合下列规定：

① 预应力筋的下料长度应根据台座的长度、锚（夹）具长度等经过计算确定；

② 预应力筋应使用砂轮锯或切断机等机械切断，不得采用电弧焊或气焊切断。

（4）钢丝镦头及下料长度偏差应符合下列规定：

① 镦头的头型直径不宜小于钢丝直径的 1.5 倍，高度不宜小于钢丝直径；

② 镦头不应出现横向裂纹；

③ 当钢丝束两端均采用镦头锚具时，同一束中各根钢丝长度的极差不应大于钢丝长度的 1/5000，且不应大于 5mm；当成组张拉长度不大于 10m 的钢丝时，同组钢丝长度的极差不得大于 2mm。

（5）预应力筋的安装、定位和保护层厚度应符合设计要求。模外张拉工艺的预应力筋保护层厚度可用梳筋条槽口深度或端头垫板厚度控制。

（6）预应力筋张拉设备及压力表应定期维护和标定，并应符合下列规定：

① 张拉设备和压力表应配套标定和使用，标定期限不应超过半年，当使用过程中出现反常现象或张拉设备检修后，应重新标定；

② 压力表的量程应大于张拉工作压力读值，压力表的精确度等级不应低于 1.6 级；

③ 标定张拉设备用的试验机或测力计的测力示值不确定度不应大于 1.0%；

④ 张拉设备标定时，千斤顶活塞的运行方向应与实际张拉工作状态一致。

（7）采用应力控制方法张拉时，应校核最大张拉力下预应力筋伸长值。实测伸长值与计算伸长值的偏差应控制在 ±6% 之内，否则应查明原因并采取措施后再张拉。

（8）预应力筋的张拉应符合设计要求，并应符合下列规定：

① 应根据预制构件受力特点、施工方便程度及操作是否安全等因素确定张拉顺序；

② 宜采用多根预应力筋整体张拉，单根张拉时应采取对称和分级方式，按照校准的张拉力控制张拉精度，以预应力筋的伸长值作为校核；

③ 对预制屋架等平卧叠浇构件，应从上而下逐榀张拉；

④ 预应力筋张拉时，应从零拉力加载至初拉力后，量测伸长值初读数，再以均匀速率加载至张拉控制力；

⑤ 张拉过程中应避免预应力筋断裂或滑脱；

⑥ 预应力筋张拉锚固后，应对实际建立的预应力值与设计给定值的偏差进行控制，应以每工作班为一批，抽查预应力筋总数的 1%，且不少于 3 根。

（9）预应力筋放张应符合设计要求，并应符合下列规定：

① 预应力筋放张时，混凝土强度应符合设计要求，且同条件养护的混凝土立方体抗压强度不应低于设计混凝土强度等级值的 75%，采用消除应力钢丝或钢绞线作为预应力筋的先张法构件不应低于 30MPa；

② 放张前，应将限制构件变形的模具拆除；

③ 宜采取缓慢放张工艺进行整体放张；

④ 对受弯或偏心受压的预应力构件，应先同时放张预压应力较小区域的预应力筋，再同时放张预压应力较大区域的预应力筋；

⑤ 单根放张时，应分阶段、对称且相互交错放张；

⑥ 放张后，预应力筋的切断顺序，宜从放张端开始逐次切向另一端。

五、成型、养护及脱模质量控制

（1）浇筑混凝土前应进行钢筋、预应力的隐蔽工程检查。隐蔽工程检查项目应包括：

① 钢筋的牌号、规格、数量、位置和间距；

② 纵向受力钢筋的连接方式、接头位置、接头质量、接头面积百分率、搭接长度、锚固方式及锚固长度；

③ 箍筋弯钩的弯折角度及平直段长度；

④ 钢筋的混凝土保护层厚度；

⑤ 预埋件、吊环、插筋、灌浆套筒、预留孔洞、金属波纹管的规格、数量、位置及固定措施；

⑥ 预埋线盒和管线的规格、数量、位置及固定措施；

⑦ 夹芯外墙板的保温层位置和厚度，拉结件的规格、数量和位置；

⑧ 预应力筋及其锚具、连接器和锚垫板的品种、规格、数量、位置；

⑨ 预留孔道的规格、数量、位置，灌浆孔、排气孔、锚固区局部加强构造。

（2）混凝土工作性能指标应根据预制构件产品特点和生产工艺确定，混凝土配合比设计应符合国家现行标准《普通混凝土配合比设计规程》（JGJ 55—2011）和《混凝土结构工程施工规范》（GB 50666—2011）的有关规定。

（3）混凝土应采用有自动计量装置的强制式搅拌机搅拌，并具有生产数据逐盘记录和实时查询功能。混凝土应按照混凝土配合比通知单进行生产，原材料每盘称量的允许偏差应符合表 5-7 的规定。

表 5-7　混凝土原材料每盘称量的允许偏差

项次	材料名称	允许偏差
1	胶凝材料	±2%
2	粗、细骨料	±3%
3	水、外加剂	±1%

（4）混凝土应进行抗压强度检验，并应符合下列规定：

① 混凝土检验试件应在浇筑地点取样制作。

② 每拌制 100 盘且不超过 100m^3 的同一配合比混凝土，每工作班拌制的同一配合比的混凝土不足 100 盘为一批。

③ 每批制作强度检验试块不少于 3 组、随机抽取 1 组进行同条件转标准养护后进行强度检验，其余可作为同条件试件在预制构件脱模和出厂时控制其混凝土强度；还可根据预制

构件吊装、张拉和放张等要求，留置足够数量的同条件混凝土试块进行强度检验。

④ 蒸汽养护的预制构件，其强度评定混凝土试块应随同构件蒸养后，再转用标准条件养护。构件脱模起吊、预应力张拉或放张的混凝土同条件试块，其养护条件应与构件生产中采用的养护条件相同。

⑤ 除设计有要求外，预制构件出厂时的混凝土强度不宜低于设计混凝土强度等级值的75%。

（5）带面砖或石材饰面的预制构件宜采用反打一次成型工艺制作，并应符合下列规定：

① 应根据设计要求选择面砖的大小、图案、颜色，背面应设置燕尾槽或确保连接性能可靠的构造；

② 面砖入模铺设前，宜根据设计排板图将单块面砖制成面砖套件，套件的长度不宜大于 600mm，宽度不宜大于 300mm；

③ 石材入模铺设前，宜根据设计排板图的要求进行配板和加工，并应提前在石材背面安装不锈钢锚固拉钩和涂刷防泛碱处理剂；

④ 应使用柔韧性好、收缩小、具有抗裂性能且不污染饰面的材料嵌填面砖或石材间的接缝，并应采取防止面砖或石材在安装钢筋及浇筑混凝土等工序中出现位移的措施。

（6）带保温材料的预制构件宜采用水平浇筑方式成型。夹芯保温墙板成型尚应符合下列规定：

① 拉结件的数量和位置应满足设计要求；

② 应采取可靠措施保证拉结件位置、保护层厚度符合要求，保证拉结件在混凝土中可靠锚固；

③ 应保证保温材料间拼缝严密或使用黏结材料密封处理；

④ 在上层混凝土浇筑完成之前，下层混凝土不得初凝。

（7）混凝土浇筑应符合下列规定：

① 混凝土浇筑前，预埋件及预留钢筋的外露部分宜采取防止污染的措施；

② 混凝土倾落高度不宜大于 600mm，并应均匀摊铺；

③ 混凝土浇筑应连续进行；

④ 混凝土从出机到浇筑完毕的延续时间，气温高于 25℃时不宜超过 60min，气温不高于 25℃时不宜超过 90min。

（8）混凝土振捣应符合下列规定：

① 混凝土宜采用机械振捣方式成型。振捣设备应根据混凝土的品种、工作性、预制构件的规格和形状等因素确定，应制订振捣成型操作规程。

② 当采用振捣棒时，混凝土振捣过程中不应碰触钢筋骨架、面砖和预埋件。

③ 混凝土振捣过程中应随时检查模具有无漏浆、变形或预埋件有无移位等现象。

（9）预制构件粗糙面成型应符合下列规定：

① 可采用模板面预涂缓凝剂工艺，脱模后采用高压水冲洗露出骨料；

② 叠合面粗糙面可在混凝土初凝前进行拉毛处理。

（10）预制构件养护应符合下列规定：

① 应根据预制构件特点和生产任务量选择自然养护、自然养护加养护剂或加热养护等方式。

② 混凝土浇筑完毕或压面工序完成后应及时覆盖保湿，脱模前不得揭开。

③ 涂刷养护剂应在混凝土终凝后进行。

④ 加热养护可选择蒸汽加热、电加热或模具加热等方式。

⑤ 加热养护制度应通过试验确定，宜采用加热养护温度自动控制装置。宜在常温下预养护 2 ~ 6h，升、降温速度不宜超过 20℃ /h，最高养护温度不宜超过 70℃。预制构件脱模时的表面温度与环境温度的差值不宜超过 25℃。

⑥ 夹芯保温外墙板最高养护温度不宜大于 60℃。

（11）预制构件脱模起吊时的混凝土强度应通过计算确定，且不宜小于 15MPa。

六、预制构件检验

（1）预制构件生产时应采取措施避免出现外观质量缺陷。外观质量缺陷根据其影响结构性能、安装和使用功能的严重程度，可按表 5-8 规定划分为严重缺陷和一般缺陷。

表5-8　构件外观质量缺陷分类

名称	现象	严重缺陷	一般缺陷
露筋	构件内钢筋未被混凝土包裹而外露	纵向受力钢筋有露筋	其他钢筋有少量露筋
蜂窝	混凝土表面缺少水泥砂浆而形成石子外露	构件主要受力部位有蜂窝	其他部位有少量蜂窝
孔洞	混凝土中孔穴深度和长度均超过保护层厚度	构件主要受力部位有孔洞	其他部位有少量孔洞
夹渣	混凝土中夹有杂物且深度超过保护层厚度	构件主要受力部位有夹渣	其他部位有少量夹渣
疏松	混凝土中局部不密实	构件主要受力部位有疏松	其他部位有少量疏松
裂缝	缝隙从混凝土表面延伸至混凝土内部	构件主要受力部位有影响结构性能或使用功能的裂缝	其他部位有少量不影响结构性能或使用功能的裂缝
连接部位缺陷	构件连接处混凝土缺陷及连接钢筋、连接件松动，插筋严重锈蚀、弯曲，灌浆套筒堵塞、偏位，灌浆孔洞堵塞、偏位、破损等缺陷	连接部位有影响结构传力性能的缺陷	连接部位有基本不影响结构传力性能的缺陷
外形缺陷	缺棱掉角、棱角不直、翘曲不平、飞出凸肋等，装饰面砖黏结不牢、表面不平、砖缝不顺直等	清水或具有装饰的混凝土构件内有影响使用功能或装饰效果的外形缺陷	其他混凝土构件有不影响使用功能的外形缺陷
外表缺陷	构件表面麻木、掉皮、起砂、沾污等	具有重要装饰效果的清水混凝土构件有外表缺陷	其他混凝土构件有不影响使用功能的外表缺陷

（2）预制构件出模后应及时对其外观质量进行全数目测检查。预制构件外观质量不应有缺陷，对已经出现的严重缺陷应制定技术处理方案进行处理并重新检验，对出现的一般缺陷应进行修整并达到合格。

（3）预制构件不应有影响结构性能、安装和使用功能的尺寸偏差。对超过尺寸允许偏差且影响结构性能和安装、使用功能的部位，应经原设计单位认可，制定技术处理方案进行处理，并重新检查验收。

（4）预制构件尺寸偏差及预留孔、预留洞、预埋件、预留插筋、键槽的位置和检验方法应符合表 5-9 ~ 表 5-12 的规定。预制构件有粗糙面时，与预制构件粗糙面相关的尺寸允许偏差可放宽 1.5 倍。

表 5-9　预制楼板类构件外形尺寸允许偏差及检验方法

<table>
<tr><th>项次</th><th colspan="3">检查项目</th><th>允许偏差 /mm</th><th>检验方法</th></tr>
<tr><td rowspan="5">1</td><td rowspan="5">规格尺寸</td><td rowspan="3">长度</td><td>< 12m</td><td>±5</td><td rowspan="3">用尺量两端及中间部，取其中偏差绝对值较大值</td></tr>
<tr><td>≥ 12m 且 < 18m</td><td>±10</td></tr>
<tr><td>≥ 18m</td><td>±20</td></tr>
<tr><td colspan="2">宽度</td><td>±5</td><td>用尺量两端及中间部，取其中偏差绝对值较大值</td></tr>
<tr><td colspan="2">厚度</td><td>±5</td><td>用尺量板四角和四边中部位置共 8 处，取其中偏差绝对值较大值</td></tr>
<tr><td>2</td><td colspan="3">对角线差</td><td>6</td><td>在构件表面，用尺量测两对角线的长度，取其绝对值的差值</td></tr>
<tr><td rowspan="4">3</td><td rowspan="4">外形</td><td rowspan="2">表面平整度</td><td>内表面</td><td>4</td><td rowspan="2">用 2m 靠尺安放在构件表面上，用楔形塞尺量测靠尺与表面之间的最大缝隙</td></tr>
<tr><td>外表面</td><td>3</td></tr>
<tr><td colspan="2">楼板侧向弯曲</td><td>$L/750$ 且 ≤ 20</td><td>拉线，钢尺量最大弯曲处</td></tr>
<tr><td colspan="2">扭翘</td><td>$L/750$</td><td>四对角线拉两条线，量测两线交点之间的距离，其值的 2 倍为扭翘值</td></tr>
<tr><td rowspan="6">4</td><td rowspan="6">预埋部件</td><td rowspan="2">预埋钢板</td><td>中心线位置偏差</td><td>5</td><td>用尺量测纵横两个方向的中心线位置，取其中较大值</td></tr>
<tr><td>平面高差</td><td>0，-5</td><td>用尺紧靠在预埋件上，用楔形塞尺量测预埋件平面与混凝土面的最大缝隙</td></tr>
<tr><td rowspan="2">预埋螺栓</td><td>中心线位置偏移</td><td>2</td><td>用尺量测纵横两个方向的中心线位置，取其中较大值</td></tr>
<tr><td>外露长度</td><td>+10，-5</td><td>用尺量</td></tr>
<tr><td rowspan="2">预埋线盒、电盒</td><td>在构件平面的水平方向中心位置偏差</td><td>10</td><td>用尺量</td></tr>
<tr><td>与构件表面混凝土高差</td><td>0，-5</td><td>用尺量</td></tr>
<tr><td rowspan="2">5</td><td rowspan="2">预留孔</td><td colspan="2">中心线位置偏移</td><td>5</td><td>用尺量测纵横两个方向的中心线位置，取其中较大值</td></tr>
<tr><td colspan="2">孔尺寸</td><td>±5</td><td>用尺量测纵横两个方向尺寸，取其最大值</td></tr>
<tr><td rowspan="2">6</td><td rowspan="2">预留洞</td><td colspan="2">中心线位置偏移</td><td>5</td><td>用尺量测纵横两个方向的中心线位置，取其中较大值</td></tr>
<tr><td colspan="2">洞口尺寸、深度</td><td>±5</td><td>用尺量测纵横两个方向尺寸，取其最大值</td></tr>
<tr><td rowspan="2">7</td><td rowspan="2">预留插筋</td><td colspan="2">中心线位置偏移</td><td>3</td><td>用尺量测纵横两个方向的中心线位置，取其中较大值</td></tr>
<tr><td colspan="2">外露长度</td><td>±5</td><td>用尺量</td></tr>
<tr><td rowspan="2">8</td><td rowspan="2">吊环、木砖</td><td colspan="2">中心线位置偏移</td><td>10</td><td>用尺量测纵横两个方向的中心线位置，取其中较大值</td></tr>
<tr><td colspan="2">留出高度</td><td>0，-10</td><td>用尺量</td></tr>
<tr><td>9</td><td colspan="3">桁架钢筋高度</td><td>+5，0</td><td>用尺量</td></tr>
</table>

表 5-10　预制墙板类构件外形尺寸允许偏差及检验方法

<table>
<tr><th>项次</th><th colspan="2">检查项目</th><th>允许偏差 /mm</th><th>检验方法</th></tr>
<tr><td rowspan="3">1</td><td rowspan="3">规格尺寸</td><td>高度</td><td>±4</td><td>用尺量两端及中间部，取其中偏差绝对值较大值</td></tr>
<tr><td>宽度</td><td>±4</td><td>用尺量两端及中间部，取其中偏差绝对值较大值</td></tr>
<tr><td>厚度</td><td>±3</td><td>用尺量板四角和四边中部位置共 8 处，取其中偏差绝对值较大值</td></tr>
</table>

续表

项次	检查项目			允许偏差/mm	检验方法
2	对角线差			5	在构件表面，用尺量测两对角线的长度，取其绝对值的差值
3	外形	表面平整度	内表面	4	用2m靠尺安放在构件表面上，用楔形塞尺量测靠尺与表面之间的最大缝隙
			外表面	3	
		侧向弯曲		L/1000且≤20	拉线，钢尺量最大弯曲处
		扭翘		L/1000	四对角拉两条线，量测两线交点之间的距离，其值的2倍为扭翘值
4	预埋部件	预埋钢板	中心线位置偏移	5	用尺量测纵横两个方向的中心线位置，取其中较大值
			平面高差	0，−5	用尺紧靠在预埋件上，用楔形塞尺量测预埋件平面与混凝土面的最大缝隙
		预埋螺栓	中心线位置偏移	2	用尺量测纵横两个方向的中心线位置，取其中较大值
			外露长度	+10，−5	用尺量
		预埋套筒、螺母	中心线位置偏移	2	用尺量测纵横两个方向的中心线位置，取其中较大值
			平面高差	0，−5	用尺紧靠在预埋件上，用楔形塞尺量测预埋件平面与混凝土面的最大缝隙
5	预留孔	中心线位置偏移		5	用尺量测纵横两个方向的中心线位置，取其中较大值
		孔尺寸		±5	用尺量测纵横两个方向尺寸，取其最大值
6	预留洞	中心线位置偏移		5	用尺量测纵横两个方向的中心线位置，取其中较大值
		洞口尺寸、深度		±5	用尺量测纵横两个方向尺寸，取其最大值
7	预留插筋	中心线位置偏移		3	用尺量测纵横两个方向的中心线位置，取其中较大值
		外露长度		±5	用尺量
8	吊环、木砖	中心线位置偏移		10	用尺量测纵横两个方向的中心线位置，取其中较大值
		与构件表面混凝土高差		0，−10	用尺量
9	键槽	中心线位置偏移		5	用尺量测纵横两个方向的中心线位置，取其中较大值
		长度、宽度		±5	用尺量
		深度		±5	用尺量
10	灌浆套筒及连接钢筋	灌浆套筒中心线位置		2	用尺量测纵横两个方向的中心线位置，取其中较大值
		连接钢筋中心线位置		2	用尺量测纵横两个方向的中心线位置，取其中较大值
		连接钢筋外露长度		+10,0	用尺量

表5-11　预制梁柱桁架类构件外形尺寸允许偏差及检验方法

项次	检查项目			允许偏差/mm	检验方法
1	规格尺寸	长度	< 12m	±5	用尺量两端及中间部，取其中偏差绝对值较大值
			≥ 12m且< 18m	±10	
			≥ 18m	±20	
		宽度		±5	用尺量两端及中间部，取其中偏差绝对值较大值
		高度		±5	用尺量板四角和四边中部位置共8处，取其中偏差绝对值较大值
2	表面平整度			4	用2m靠尺安放在构件表面上，用楔形塞尺量测靠尺与表面之间的最大缝隙
3	侧向弯曲	梁柱		L/750	拉线，钢尺量最大弯曲处
		桁架		L/1000且≤20	

续表

项次	检查项目			允许偏差/mm	检验方法
4	预埋部件	预埋钢板	中心线位置偏差	5	用尺量测纵横两个方向的中心线位置，取其中较大值
			平面高差	0，-5	用尺紧靠在预埋件上，用楔形塞尺量测预埋件平面与混凝土面的最大缝隙
		预埋螺栓	中心线位置偏移	2	用尺量测纵横两个方向的中心线位置，取其中较大值
			外露长度	+10，-5	用尺量
5	预留孔	中心线位置偏移		5	用尺量测纵横两个方向的中心线位置，取其中较大值
		孔尺寸		±5	用尺量测纵横两个方向尺寸，取其最大值
6	预留洞	中心线位置偏移		5	用尺量测纵横两个方向的中心线位置，取其中较大值
		洞口尺寸、深度		±5	用尺量测纵横两个方向尺寸，取其最大值
7	预留插筋	中心线位置偏移		3	用尺量测纵横两个方向的中心线位置，取其中较大值
		外露长度		±5	用尺量
8	吊环	中心线位置偏移		10	用尺量测纵横两个方向的中心线位置，取其中较大值
		留出高度		0，-10	用尺量
9	键槽	中心线位置偏移		5	用尺量测纵横两个方向的中心线位置，取其中较大值
		长度、宽度		±5	用尺量
		深度		±5	用尺量
10	灌浆套筒及连接钢筋	灌浆套筒中心线位置		2	用尺量测纵横两个方向的中心线位置，取其中较大值
		连接钢筋中心线位置		2	用尺量测纵横两个方向的中心线位置，取其中较大值
		连接钢筋外露长度		+10，0	用尺量测

表5-12　装饰构件外观尺寸允许偏差及检验方法

项次	装饰种类	检查项目	允许偏差/mm	检验方法
1	通用	表面平整度	2	2m靠尺或塞尺检查
2	面砖、石材	阳角方正	2	用托线板检查
		上口平直	2	拉通线用钢尺检查
		接缝平直	3	用钢尺或塞尺检查
		接缝深度	±5	用钢尺或塞尺检查
		接缝宽度	±2	用钢尺检查

（5）预制构件的预埋件、插筋、预留孔的规格、数量应满足设计要求。

检查数量：全数检验。

检验方法：观察和量测。

（6）预制构件的粗糙面或键槽成型质量应满足设计要求。

检查数量：全数检验。

检验方法：观察和量测。

（7）面砖与混凝土的黏结强度应符合现行行业标准《建筑工程饰面砖粘结强度检验标准》（JGJ/T 110—2017）和《外墙饰面砖工程施工及验收规程》（JGJ 126—2015）的有关规定。

检查数量：同一工程、同一工艺的预制构件分批抽样检验。

检验方法：检查试验报告单。

（8）预制构件采用钢筋套筒灌浆连接时，在构件生产前，应检查套筒型式检验报告是否合格，应进行钢筋套筒灌浆连接接头的抗拉强度试验，并应符合现行行业标准《钢筋套筒灌浆连接应用技术规程》（JGJ 355—2015）的有关规定。

检查数量：同一工程、同一工艺的预制构件分批抽样检验。同一批号、同一类型、同一规格的灌浆套筒，不超过 1000 个为一批，每批随机抽取 3 个灌浆套筒制作对中连接接头试件。

检验方法：检查试验报告单、质量证明文件。

（9）夹芯外墙板的内外叶墙板之间的拉结件类别、数量、使用位置及性能应符合设计要求。

检查数量：同一工程、同一工艺的预制构件分批抽样检验。

检验方法：检查试验报告单、质量证明文件及隐蔽工程检查记录。

（10）夹芯保温外墙板用的保温材料类别、厚度、位置及性能应满足设计要求。

检查数量：按批检查。

检验方法：观察、量测，检查保温材料质量证明文件及检验报告。

（11）混凝土强度应符合设计文件及国家现行有关标准的规定。

检查数量：按构件生产批次，在混凝土浇筑地点随机抽取标准养护试件，取样频率应符合本标准规定。

检验方法：应符合现行国家标准《混凝土强度检验评定标准》（GB/T 50107—2010）的有关规定。

七、预制构件部品生产质量控制

（1）部品原材料应使用节能环保的材料，并应符合现行国家标准《民用建筑工程室内环境污染控制标准》（GB 50325—2020）、《建筑材料放射性核素限量》（GB 6566—2010）和室内建筑装饰材料有害物质限量的相关规定。

（2）部品原材料应有质量合格证明并完成抽样复试，没有复试或者复试不合格的不能使用。

（3）部品生产应成套供应，并满足加工精度的要求。

（4）部品生产时，应对尺寸偏差和外观质量进行控制。

（5）预制外墙部品生产时，外门窗的预埋件设置应在工厂完成；不同金属的接触面应避免电化学腐蚀；预制混凝土外墙挂板生产应符合现行行业标准《装配式混凝土结构技术规程》（JGJ 1—2014）的规定；蒸压加气混凝土板的生产应符合现行行业标准《蒸压加气混凝土制品应用技术标准》（JGJ/T 17—2020）的规定。

（6）现场组装骨架外墙的骨架、基层墙板、填充材料应在工厂完成生产。

（7）建筑幕墙的加工制作应按现行行业标准《玻璃幕墙工程技术规范》（JGJ 102—2003）、《金属与石材幕墙工程技术规范》（JGJ 133—2001）及《人造板材幕墙工程技术规范》（JGJ 336—2016）的规定执行。

（8）合格部品应具有唯一编码和生产信息，并在包装的明显位置标注部品编码、生产单位、生产日期、检验员代码等。

（9）部品包装的尺寸和重量应考虑到现场运输条件，便于搬运与组装，并注明卸货方式和明细清单。

（10）应制定部品的成品保护、堆放和运输专项方案，其内容应包括运输时间、次序、堆放场地、运输路线、固定要求、堆放支垫及成品保护措施等。对于超高、超宽、形状特殊的部品的运输和堆放应有专门的质量安全保护措施。

八、预制构件成品的出厂质量检验

预制混凝土构件成品出厂质量检验是预制混凝土构件质量控制过程中最后的也是关键的环节。预制混凝土构件出厂前应对其成品质量进行检查验收，合格后方可出厂。

1.出厂检验的内容及标准

每块预制构件出厂前均应进行成品质量验收，其检查项目包括下列内容：

（1）预制构件的外观质量。

（2）预制构件的外形尺寸。

（3）预制构件的钢筋、连接套筒、预埋件、预留孔洞等。

（4）预制构件的外装饰和门窗框。

预制构件验收合格后应在明显部位进行标识，内容包括构件名称、型号、编号、生产日期、出厂日期、质量状况、生产企业名称，并有检测部门及检验员、质量负责人签名。

2.构件制作工程资料管理

工程资料应按照《装配式混凝土建筑技术标准》（GB/T 51231—2016）中相关规定及项目属地地方标准，由质量技术部门负责收集、整理、归档及提交。

预制构件的资料应与产品生产同步形成、收集和整理，归档资料应包括以下内容：

（1）预制混凝土构件加工合同；

（2）预制混凝土构件加工图纸、设计文件、设计洽商、变更或交底文件；

（3）生产方案和质量计划等文件；

（4）原材料质量证明文件、复试试验记录和试验报告；

（5）混凝土试配资料；

（6）混凝土配合比通知单；

（7）混凝土开盘鉴定；

（8）混凝土强度和耐久性试验记录和报告；

（9）混凝土氯离子含量和碱总量计算书；

（10）钢筋检验资料；

（11）模具检验资料；

（12）预应力施工记录；

（13）混凝土浇筑记录；

（14）混凝土养护记录；

（15）构件检验记录；

（16）构件性能检测报告；

（17）构件出厂合格证；

（18）质量事故分析和处理资料；

（19）其他与预制混凝土构件生产和质量有关的重要文件资料。

预制构件企业自留资料的保存可采用纸质介质和电子载体的形式。预制构件质量验收的相关资料应采用电子载体长期保存，保存过程中应有保护措施和备份，涉及结构安全的预制构件文件资料保存年限应满足工程质量保修及质量追溯的需要。随预制构件交付的产品质量证明文件应包括以下内容：

（1）出厂合格证；

（2）混凝土强度检验报告；

（3）钢筋套筒等其他构件钢筋连接类型的工艺检验报告；

（4）结构性能检验报告；

（5）合同要求的其他质量证明文件。

5-1 预制构件生产的质量控制与验收

单元二　装配式混凝土结构施工阶段的质量控制与验收

一、工序质量控制

装配式混凝土结构工程施工用的原材料、部品、构配件均应按检验批进行进场验收。

装配式混凝土结构连接节点及叠合构件浇筑混凝土前，应进行隐蔽工程验收。隐蔽工程验收应包括下列主要内容：

① 混凝土粗糙面的质量，键槽的尺寸、数量、位置；

② 钢筋的牌号、规格、数量、位置、间距，箍筋弯钩的弯折角度及平直段长度；

③ 钢筋的连接方式、接头位置、接头数量、接头面积百分率、搭接长度、锚固方式及锚固长度；

④ 预埋件、预留管线的规格、数量、位置；

⑤ 预制混凝土构件接缝处防水、防火等构造做法；

⑥ 保温及其节点施工；

⑦ 其他隐蔽项目。

二、施工阶段预制构件安装与连接质量控制

1.主控项目

（1）预制构件临时固定措施应符合设计、专项施工方案要求及国家现行有关标准的规定。

检查数量：全数检查。

检验方法：观察检查，检查施工方案、施工记录或设计文件。

（2）装配式结构采用后浇混凝土连接时，构件连接处后浇混凝土的强度应符合设计要求。

检查数量：按批检验。

检验方法：应符合现行国家标准《混凝土强度检验评定标准》（GB/T 50107—2010）的有关规定。

（3）钢筋采用套筒灌浆连接、浆锚搭接连接时，灌浆应饱满、密实，所有出口均应出浆。

检查数量：全数检查。

检验方法：检查灌浆施工质量检查记录、有关检验报告。

（4）钢筋套筒灌浆连接及浆锚搭接连接用到的灌浆料强度应符合国家现行有关标准的规定及设计要求。

检查数量：按批检验，以每层为一检验批；每工作班应制作1组且每层不应少于3组40mm×40mm×160mm的长方体试件，标准养护28d后进行抗压强度试验。

检验方法：检查灌浆料强度试验报告及评定记录。

（5）预制构件底部接缝坐浆强度应满足设计要求。

检查数量：按批检验，以每层为一检验批；每工作班同一配合比应制作1组且每层不应少于3组边长为70.7mm的立方体试件，标准养护28d后进行抗压强度试验。

检验方法：检查坐浆材料强度试验报告及评定记录。

（6）钢筋采用机械连接时，其接头质量应符合现行行业标准《钢筋机械连接技术规程》（JGJ 107—2016）的有关规定。

检查数量：应符合现行行业标准《钢筋机械连接技术规程》（JGJ 107—2016）的有关规定。

检验方法：检查钢筋机械连接施工记录及平行试件的强度试验报告。

（7）钢筋采用焊接连接时，其焊缝的接头质量应满足设计要求，并应符合现行行业标准《钢筋焊接及验收规程》（JGJ 18—2012）的有关规定。

检查数量：应符合现行行业标准《钢筋焊接及验收规程》（JGJ 18—2012）的有关规定。

检验方法：检查钢筋焊接接头检验批质量验收记录。

（8）预制构件采用型钢焊接连接时，型钢焊缝的接头质量应满足设计要求，并应符合现行国家标准《钢结构焊接规范》（GB 50661—2011）和《钢结构工程施工质量验收标准》（GB 50205—2020）的有关规定。

检查数量：全数检查。

检验方法：应符合现行国家标准《钢结构工程施工质量验收标准》（GB 50205—2020）的有关规定。

（9）预制构件采用螺栓连接时，螺栓的材质、规格、拧紧力矩应符合设计要求及现行国家标准《钢结构设计标准》（GB 50017—2017）和《钢结构工程施工质量验收标准》（GB 50205—2020）的有关规定。

检查数量：全数检查。

检验方法：应符合现行国家标准《钢结构工程施工质量验收标准》（GB 50205—2020）的有关规定。

（10）装配式结构分项工程的外观质量不应有严重缺陷，且不得有影响结构性能和使用功能的尺寸偏差。

检查数量：全数检查。

检验方法：观察、量测；检查处理记录。

（11）外墙板接缝的防水性能应符合设计要求。

检验数量：按批检验。每1000m^{2}外墙（含窗）面积应划分为一个检验批，不足1000m^{2}时也应划分为一个检验批；每个检验批应至少抽查一处，抽查部位应为相邻两层4块墙板形成的水平和竖向十字接缝区域，面积不得少于10m^2。

检验方法：检查现场淋水试验报告。

2.一般项目

（1）装配式结构分项工程的施工尺寸偏差及检验方法应符合设计要求；当设计无要求时，应符合下表5-13的规定。

表5-13　预制构件安装尺寸的允许偏差及检验方法

<table>
<tr><th colspan="3">项目</th><th>允许偏差/mm</th><th>检验方法</th></tr>
<tr><td rowspan="3">构件中心线对轴线位置</td><td colspan="2">基础</td><td>15</td><td rowspan="3">经纬仪及尺量</td></tr>
<tr><td colspan="2">竖向构件（柱、墙、桁架）</td><td>8</td></tr>
<tr><td colspan="2">水平构件（梁、板）</td><td>5</td></tr>
<tr><td>构件标高</td><td colspan="2">梁、柱、墙、板底面或顶面</td><td>±5</td><td>水准仪或拉线、尺量</td></tr>
<tr><td rowspan="2">构件垂直度</td><td rowspan="2">柱、墙</td><td>≤ 6m</td><td>5</td><td rowspan="2">经纬仪或吊线、尺量</td></tr>
<tr><td>＞ 6m</td><td>10</td></tr>
<tr><td>构件倾斜度</td><td colspan="2">梁、桁架</td><td>5</td><td>经纬仪或吊线、尺量</td></tr>
<tr><td rowspan="5">相邻构件平整度</td><td colspan="2">板端面</td><td>5</td><td rowspan="5">2m 靠尺和塞尺量测</td></tr>
<tr><td rowspan="2">梁、板底面</td><td>外露</td><td>3</td></tr>
<tr><td>不外露</td><td>5</td></tr>
<tr><td rowspan="2">柱墙侧面</td><td>外露</td><td>5</td></tr>
<tr><td>不外露</td><td>8</td></tr>
<tr><td>构件搁置长度</td><td colspan="2">梁、板</td><td>±10</td><td>尺量</td></tr>
<tr><td>支座、支垫中心位置</td><td colspan="2">板、梁、柱、墙、桁架</td><td>10</td><td>尺量</td></tr>
<tr><td>墙板接缝</td><td colspan="2">宽度</td><td>±5</td><td>尺量</td></tr>
</table>

检查数量：按楼层、结构缝或施工段划分检验批。同一检验批内，对梁、柱，应抽查构件数量的10%，且不少于3件；对墙和板，应按有代表性的自然间抽查10%，且不少3间；对大空间结构，墙可按相邻轴线间高度5m左右划分检查面，板可按纵、横轴线划分检查面，抽查10%，且均不少于3面。

（2）装配式混凝土建筑的饰面外观质量应符合设计要求，并应符合现行国家标准《建筑装饰装修工程质量验收标准》（GB 50210—2018）的有关规定。

检查数量：全数检查。

检验方法：观察、对比量测。

三、施工阶段预制构件部品安装质量控制

（1）装配式混凝土建筑的部品验收应分层分阶段开展。

（2）部品质量验收应根据工程实际情况检查下列文件和记录：

① 施工图或竣工图、性能试验报告、设计说明及其他设计文件；

② 部品和配套材料的出厂合格证、进场验收记录；

③ 施工安装记录；

④ 隐蔽工程验收记录；

⑤ 施工过程中重大技术问题的处理文件、工作记录和工程变更记录。

（3）部品验收分部分项划分应满足国家现行相关标准要求，检验批划分应符合下列规定：

① 相同材料、工艺和施工条件的外围护部品每 $1000m^2$ 应划分为一个检验批，不足 $1000m^2$ 也应划分为一个检验批；每个检验批每 $100m^2$ 应至少抽查一处，每处不得小于 $10m^2$；

② 住宅建筑装配式内装工程应进行分户验收，划分为一个检验批；

③ 公共建筑装配式内装工程应按照功能区间进行分段验收，划分为一个检验批；

④ 对于异型、多专业综合或有特殊要求的部品，国家现行相关标准未作出规定时，检验批的划分可根据部品的结构、工艺特点及工程规模，由建设单位组织监理单位和施工单位协商确定。

（4）外围护部品应在验收前完成对下列性能的试验和测试：

① 抗风压性能、层间变形性能、耐撞击性能、耐火极限等实验室检测；

② 连接件材性能、锚栓拉拔强度等现场检测。

（5）外围护部品验收时，要根据工程实际情况进行下列现场试验和测试：

① 饰面砖（板）的黏结强度测试；

② 板接缝及外门窗安装部位的现场淋水试验；

③ 现场隔声测试；

④ 现场传热系数测试。

（6）外围护部品应完成下列隐蔽项目的现场验收：

① 预埋件；

② 与主体结构的连接节点；

③ 与主体结构之间的封堵构造节点；

④ 变形缝及墙面转角处的构造节点；

⑤ 防雷装置；

⑥ 防火构造。

（7）屋面应按现行国家标准《屋面工程质量验收规范》（GB 50207—2012）的规定进行验收。

（8）外围护系统的保温和隔热工程质量验收应按现行国家标准《建筑节能工程施工质量验收标准》（GB 50411—2019）的规定执行。

（9）幕墙应按现行行业标准《玻璃幕墙工程技术规范》（JGJ 102—2003）、《金属与石材幕墙工程技术规范》（JGJ 133—2001）和《人造板材幕墙工程技术规范》（JGJ 336—2016）的规定进行验收。

（10）外围护系统的门窗工程、涂饰工程应按现行国家标准《建筑装饰装修工程质量验收标准》（GB 50210—2018）的规定进行验收。

（11）木骨架组合外墙系统应按现行国家标准《木骨架组合墙体技术标准》（GB/T 50361—2018）的规定进行验收。

（12）蒸压加气混凝土外墙板应按现行行业标准《蒸压加气混凝土制品应用技术标准》（JGJ/T 17—2020）的规定进行验收。

（13）内装工程应按国家现行标准《建筑装饰装修工程质量验收标准》（GB 50210—2018）、《建筑轻质条板隔墙技术规程》（JGJ/T 157—2014）和《公共建筑吊顶工程技术规程》（JGJ 345—2014）的有关规定进行验收。

（14）室内环境的质量验收应在内装工程完成后进行，并应符合现行国家标准《民用建筑工程室内环境污染控制标准》（GB 50325—2020）的有关规定。

四、施工阶段设备与管线安装质量控制

（1）装配式混凝土建筑中涉及建筑给水排水及采暖、通风与空调、建筑电气、智能建筑、建筑节能、电梯等安装的施工质量验收应按其对应的分部工程进行验收。

（2）给水排水及采暖工程的分部工程、分项工程、检验批质量验收等应符合现行国家标准《建筑给水排水及采暖工程施工质量验收规范》（GB 50242—2002）的有关规定。

（3）电气工程的分部工程、分项工程、检验批质量验收等应符合现行国家标准《建筑电气工程施工质量验收规范》（GB 50303—2015）及《火灾自动报警系统施工及验收标准》（GB 50166—2019）的有关规定。

（4）通风与空调工程的分部工程、分项工程、检验批质量验收等应符合现行国家标准《通风与空调工程施工质量验收规范》（GB 50243—2016）的有关规定。

（5）智能建筑的分部工程、分项工程、检验批质量验收等除应符合本标准外，尚应符合现行国家标准《智能建筑工程质量验收规范》（GB 50339—2013）的有关规定。

（6）电梯工程的分部工程、分项工程、检验批质量验收等应符合现行国家标准《电梯工程施工质量验收规范》（GB 50310—2002）的有关规定。

（7）建筑节能工程的分部工程、分项工程、检验批质量验收等应符合现行国家标准《建筑节能工程施工质量验收标准》（GB 50411—2019）的有关规定。

5-2 装配式混凝土结构施工质量控制与验收

单元三　装配式混凝土结构验收阶段的质量控制

装配式混凝土建筑施工应按现行国家标准《建筑工程施工质量验收统一标准》（GB 50300—2013）的有关规定进行单位工程、分部工程、分项工程和检验批的划分和质量验收。装配式混凝土建筑的装饰装修、机电安装等分部工程应按国家现行有关标准进行质量验收。装配式混凝土结构工程应按混凝土结构子分部工程进行验收，装配式混凝土结构部分应按混凝土结构子分部工程的分项工程验收，混凝土结构子分部中其他分项工程应符合现行国家标准《混凝土结构工程施工质量验收规范》（GB 50204—2015）的有关规定。

混凝土结构子分部工程验收时，除应符合现行国家标准《混凝土结构工程施工质量验收规范》（GB 50204—2015）的有关规定提供文件和记录外，尚应提供下列文件和记录：

（1）工程设计文件、预制构件安装施工图和加工制作详图；

（2）预制构件、主要材料及配件的质量证明文件、进场验收记录、抽样复验报告；

（3）预制构件安装施工记录；

（4）钢筋套筒灌浆型式检验报告、工艺检验报告和施工检验记录，浆锚搭接连接的施工检验记录；

（5）后浇混凝土部位的隐蔽工程检查验收文件；

（6）后浇混凝土、灌浆料、坐浆材料强度检测报告；

（7）外墙防水施工质量检验记录；

（8）装配式结构分项工程质量验收文件；

（9）装配式工程的重大质量问题处理方案和验收记录；

（10）装配式工程的其他文件和记录。

拓展知识一　影响装配式混凝土结构工程质量的因素

影响装配式混凝土结构工程质量的因素很多，归纳起来主要有五个方面，即人员、材料、机械、方法和环境。

（1）人员　人是生产经营活动的主体，也是工程项目建设的决策者、管理者、操作者，工程建设的全过程都是由人来完成的。

人的素质直接或间接决定着工程质量的好坏。装配式混凝土结构工程由于机械化水平高、批量生产、安装精度高等特点，对人员的素质尤其是生产加工和现场施工人员的文化水平、技术水平及组织管理能力都有更高的要求。普通的工人已不能满足装配式建筑工程的建设需要，因此，培养高素质的产业化工人是确保建筑产业现代化向前发展的必然。

（2）材料　工程材料是指构成工程实体的各类建筑材料、构配件、半成品等，是工程建设的物质条件，是保证工程质量的基础。

装配式混凝土结构是由预制混凝土构件或部件通过各种可靠的方式连接，并与现场后浇混凝土形成整体的混凝土结构。因此，与传统的现浇结构相比，预制构件、灌浆料及连接套筒的质量是装配式混凝土结构质量控制的关键。预制构件混凝土强度、钢筋设置、规格尺寸是否符合设计要求、力学性能是否合格、运输保管是否得当、灌浆料和连接套筒的质量是否合格等，都将直接影响工程的使用功能、结构安全、使用安全乃至外表及观感等。

（3）机械　装配式混凝土结构采用的机械设备可分为三类：第一类是指工厂内生产预制构件的工艺设备和各类机具，如各类模具、模台、布料机、蒸养室等，简称生产机具设备；第二类是指施工过程中使用的各类机具设备，包括大型垂直与横向运输设备、各类操作工具、各种施工安全设施，简称施工机具设备；第三类是指生产和施工中都会用到的各类测量仪器和计量器具等，简称测量设备。不论是生产机具设备、施工机具设备还是测量设备，都对装配式混凝土结构工程的质量有着非常重要的影响。

（4）方法　方法是指施工工艺、操作方法、施工方案等。在混凝土结构构件加工时，为了保证构件的质量或受客观条件制约，需要采用特定的加工工艺，不适合的加工工艺可能会造成构件质量的缺陷、生产成本增加或工期拖延等；现场安装过程中，吊装顺序、吊装方法的选择都会直接影响安装的质量。装配式混凝土结构的构件主要通过节点连接，因此，节点连接部位的施工工艺是装配式结构的核心工艺，对结构安全起决定性影响。采用新技术、新工艺、新方法，不断提高工艺技术水平，是保证工程质量稳定提高的重要因素。

（5）环境　环境条件是指对工程质量特性起重要作用的环境因素，包括自然环境，如地质、水文、气象等；作业环境，如施工作业面大小、防护设施、通风照明和通信条件等；工程管理环境，主要是指工程实施的合同环境与管理关系的确定，组织体制及管理制度等；周边环境，如工程邻近的地下管线、建（构）筑物等。环境条件往往对工程质量产生特定的影响。

拓展知识二　装配式混凝土结构工程质量控制的依据

质量控制的主体包括建设单位、设计单位、项目管理单位、监理单位、构件生产单位、施工单位以及其他材料的生产单位等。

质量控制方面的依据主要分为以下几类，不同的单位根据自己的管理职责依据不同的管理依据进行质量控制。

1.建设工程合同文件

建设单位与设计单位签订的设计合同、与施工单位签订的安装施工合同、与生产厂家签订的构件采购合同都是装配式混凝土结构工程质量控制的重要依据。

2.勘察设计文件

建设工程勘察包括工程测量、工程地质和水文地质勘察等内容。工程勘察成果文件为工程项目选址、工程设计和施工提供科学可靠的依据。工程设计文件包括经过批准的设计图纸、技术说明、图纸会审清单、工程设计变更以及设计洽商、设计处理意见等。

3.建设工程法律法规、部门规章等

（1）法律：《中华人民共和国建筑法》《中华人民共和国安全生产法》《中华人民共和国节约能源法》《中华人民共和国消防法》等。

（2）行政法规：《建设工程质量管理条例》《民用建筑节能条例》等。

（3）部门规章：《建筑工程施工许可管理办法》《实施工程建设强制性标准监督规定》《房屋建筑和市政基础设施工程质量监督管理规定》等。

4.建设工程标准、规范等

根据标准的适用性，标准可以分为国家标准、行业标准、地方标准和企业标准。国家标准是必须执行与遵守的最低标准，行业标准、地方标准和企业标准的要求不能低于国家标准的要求，企业标准是企业生产与工作的要求与规定，适用于企业的内部管理。适用于混凝土结构工程的各类标准同样适用于装配式混凝土结构工程，如《混凝土结构设计规范》（GB 50010—2010）（2015 年版）、《混凝土结构工程施工规范》（GB 50666—2011）、《混凝土结构工程施工质量验收规范》（GB 50204—2015）、《钢筋机械连接技术规程》（JGJ 107—2016）。

思政小故事

杨廷宝

杨廷宝（1901.10.2—1982.12.23），建筑学家。河南南阳人。

1921 年毕业于清华学校高等科，同年赴宾夕法尼亚大学建筑系学习。南京工学院（现东南大学）副校长、教授。我国近代建筑设计科学的重要创始人之一。在创造具有我国特色的建筑风格上，做出了重

大贡献。多年来，完成了100多项各种类型的建筑工程设计。在设计工作中，主张博采各家之长，兼容并蓄，勇于创新，注重因地制宜，强调符合国情。设计作品具有稳健、严谨、庄重的风格。

1955年选聘为中国科学院院士（学部委员）。

一、单选题

1. 钢筋套筒灌浆连接及浆锚搭接连接用的灌浆料应满足设计要求，每工作班应制作一组且每层不应小于3组试件，其尺寸为（　　）。

A.40mm×40mm×160mm　　B.70.7mm×70.7mm×70.7mm

C.100mm×100mm×100mm　　D.150mm×150mm×150mm

2. 施工单位应对构件进行全数验收，监理单位对构件质量进行抽检，发现存在影响结构质量或吊装安全的缺陷时，（　　）。

A. 予以验收通过　　B. 可以验收通过　　C. 修改后验收　　D. 不得验收通过

3. 未经进场验收或进场验收不合格的预制构件，（　　）。

A. 可以使用　　B. 予以使用　　C. 严禁使用　　D. 选择使用

4. 按照《混凝土结构工程施工规范》（GB 50666—2011）的规定，混凝土制备时，当使用中水泥质量受不利环境影响或水泥出厂超过（　　）个月（快硬硅酸盐水泥超过一个月）时，应进行复验，并应按复验结果使用。

A. 一　　B. 二　　C. 三　　D. 六

5. 预制构件脱模后，应对其外观质量和尺寸进行检查验收。外观质量不宜有一般缺陷，不应有严重缺陷。对于已经出现的一般缺陷，应进行（　　），并重新检查验收。

A. 修补处理　　B. 按照修补方案处理　C. 不应处理　　D. 不用处理

6. 对同一厂家、同一牌号、同一规格的钢筋，进厂数量（　　）t为一个检验批。

A.50　　B.60　　C.100　　D.200

7. 水泥试验应以同一水泥厂、同强度等级、同品种、同一生产时间、同一生产批号且连续进场的水泥，（　　）t为一个验收批。

A.50　　B.100　　C.200　　D.500

8. 预制构件运至现场后，（　　）应组织构件生产企业、监理单位对预制构件的质量进行验收，验收内容包括质量证明文件验收和构件外观质量、结构性能检验等。

A. 建设单位　　B. 设计单位　　C. 施工单位　　D. 监理单位

9. 下列关于装配式混凝土结构的钢筋套筒灌浆施工说法错误的是（　　）。

A. 灌浆施工时，环境温度不应低于5℃；当连接部位养护温度低于10℃时，应采取加热保温措施

B. 灌浆操作全过程应有专职检验人员负责旁站监督并及时形成施工质量检查记录

C. 灌浆作业应采用压浆法从上口灌注，当浆料从下口流出后应及时封堵，必要时可设分仓进行灌浆

D. 灌浆料拌合物应在制备后 30min 内用完

10. 按照《混凝土结构工程施工规范》(GB 50666—2011) 的规定，混凝土浇筑中，混凝土粗骨料最大粒径不大于 25mm 时，可采用内径不小于（　　）mm 的输送泵管；混凝土粗骨料最大粒径不大于 40mm 时，可采用内径不小于 150mm 的输送泵管。

A.100　　B.125　　C.150　　D.200

二、多选题

1. 当装配式混凝土结构子分部工程施工质量不符合要求时，应按下列规定进行处理（　　）。

A. 经返工、返修或更换构件、部件的检验批，应重新进行验收

B. 经有资质的检测机构检测鉴定能够达到设计要求的检验批，应予以验收

C. 经有资质的检测机构检测鉴定达不到设计要求，但经原设计单位核算并认可能够满足结构安全和使用功能的检验批，可予以验收

D. 经返修或加固处理能够满足结构安全和使用功能要求的分项工程，可按技术处理方案和协商文件的要求予以验收

2. 预制混凝土构件成品出厂质量检验是预制混凝土构件质量控制过程中最后的也是关键的环节。预制混凝土构件出厂前应对其成品质量进行检查验收，合格后方可出厂。预制构件出厂成品质量验收的项目包括（　　）。

A. 预制构件的外观质量

B. 预制构件的外形尺寸

C. 预制构件的钢筋、连接套筒、预埋件、预留孔洞等

D. 预制构件的外装饰和门窗框

3. 下列属于钢筋隐蔽工程验收的项目的是（　　）。

A. 钢筋的牌号、规格、数量、位置、间距等

B. 纵向受力钢筋的连接方式、接头位置、接头质量、接头面积百分率、搭接长度等

C. 箍筋、横向钢筋的牌号、规格、数量、位置、间距，箍筋弯钩的弯折角度及平直段长度等

D. 预埋管线、线盒的规格、数量、位置及固定措施等

4. 影响施工质量的因素环境条件，主要包括（　　）。

A. 自然环境　　B. 作业环境　　C. 工程管理环境　　D. 周边环境等

5. 装配式混凝土结构采用的机械设备可分为三类（　　）。

A. 工厂内生产预制构件的工艺设备和各类机具

B. 施工过程中使用的各类机具设备

C. 生产和施工中都会用到的各类测量仪器和计量器具等

D. 生活设备

6. 装配式混凝土结构工程质量控制依据有（　　）。

A. 工程合同文件

B. 工程勘察设计文件

C. 有关质量管理方面的法律法规、部门规章与规范性文件

D. 质量标准与技术规范规程

7. 按照《混凝土结构工程施工规范》(GB 50666—2011)的规定，模板及支架的形式和构造应根据工程（　　）和材料供应等条件确定。

A. 结构形式　　B. 荷载大小　　C. 地基土类别　　D. 施工设备

8. 与传统的现浇结构相比，装配式混凝土结构工程在质量控制方面具有以下特点（　　）。

A. 质量管理工作前置　　B. 设计更加精细化

C. 工程质量更易于保证　　D. 信息化技术应用

三、判断题

1. 预制混凝土构件采取了工厂化、机械化生产制作，所以，预制混凝土构件不会出现强度不足等质量问题。(　　)

2. 预制构件验收合格后应在明显部位进行标识，内容包括构件名称、型号、编号、生产日期、出厂日期、质量状况、生产企业名称，并有检测部门及检验员、质量负责人签名。(　　)

3. 根据适用性，标准分为国家标准、行业标准、地方标准和企业标准。(　　)

四、问答题

1. 装配式混凝土结构子分部工程施工质量验收应符合哪些规定？

2. 预制构件出厂检验项目有哪些？

3. 影响装配式混凝土结构工程质量的因素有哪些？

参考文献

[1] GB 50300—2013 建设工程施工质量验收统一标准 .
[2] GB 50204—2015 混凝土结构工程施工质量验收规范 .
[3] GB 50010—2010 混凝土结构设计规范（2015 年版）.
[4] GB 50011—2010 建筑抗震设计规范（2016 年版）.
[5] GB 50666—2011 混凝土结构工程施工规范 .
[6] GB 1499.1—2017 T 钢筋混凝土用钢 第 1 部分：热轧光圆钢筋 .
[7] GB 1499.2—2018 T 钢筋混凝土用钢 第 2 部分：热轧带肋钢筋 .
[8] GB/T 51231—2016 装配式混凝土建筑技术标准 .
[9] JGJ 107—2016 钢筋机械连接技术规程 .
[10] JGJ 114—2014 钢筋焊接网混凝土结构技术规程 .
[11] JGJ 355—2015 钢筋套筒灌浆连接应用技术规程 .
[12] JG/T 163—2013 钢筋机械连接用套筒 .
[13] JG/T 408—2013 钢筋连接用套筒灌浆料 .
[14] JGJ 33—2012 建筑机械使用安全技术规程 .
[15] JGJ 18—2012 钢筋焊接及验收规程 .
[16] JGJ 1—2014 装配式混凝土结构技术规程 .
[17] JGJ 80—2016 建筑施工高处作业安全技术规范 .
[18] 国务院办公厅 . 关于大力发展装配式建筑的指导意见 .2016.
[19] 住房与城乡建设部 .“十三五”装配式建筑行动方案 .2017.
[20] 住房与城乡建设部 . 建筑业发展“十三五”规划 .2017.
[21] 15J939—1 装配式混凝土结构住宅建筑设计示例（剪力墙结构）.
[22] 15G107—1 装配式混凝土结构表示方法及示例（剪力墙结构）.
[23] 15G365—1 预制混凝土剪力墙外墙板 .
[24] 15G365—2 预制混凝土剪力墙内墙板 .
[25] 15G366—1 桁架钢筋混凝土叠合板 .
[26] 15G367—1 预制钢筋混凝土板式楼梯 .
[27] 15G368—1 预制钢筋混凝土阳台板、空调板及女儿墙 .

[28] 15G310—1 装配式混凝土结构连接节点构造（楼盖和楼梯）.

[29] 15G310—2 装配式混凝土结构连接节点构造（剪力墙）.

[30] GB/T 50002—2013 建筑模数协调标准.

[31] 张波，王总辉，肖明和，等. 装配式混凝土结构工程. 北京：北京理工大学出版社，2016.

[32] 肖明和，张蓓. 装配式建筑施工技术. 北京：中国建筑工业出版社，2018.

[33] 肖凯武，杨波，杨建林. 装配式混凝土建筑施工技术. 北京：化学工业出版社，2019.